DAMS FOR HYDROELECTRIC ENERGY

BARRAGES POUR L'ÉNERGIE HYDROÉLECTRIQUE

INTERNATIONAL COMMISSION ON LARGE DAMS
COMMISSION INTERNATIONALE DES GRANDS BARRAGES
61, avenue Kléber, 75116 Paris
Téléphone : (33-1) 47 04 17 80 - Fax : (33-1) 53 75 18 22
http://www.icold-cigb.org./

Cover/*Couverture* : Presenzano Power Plant (Italy) / *Centrale de Presenzano (Italie)*

CRC Press/Balkema is an imprint of the Taylor & Francis Group, an informa business
© 2021 ICOLD/CIGB, Paris, France

Typeset by CodeMantra

Published by: CRC Press/Balkema
Schipholweg 107C, 2316 XC Leiden, The Netherlands
e-mail: Pub.NL@taylorandfrancis.com
www.routledge.com – www.taylorandfrancis.com

Original text in English
French translation by the Comité Français des Barrages et Réservoirs
& Comite Suisse des Barrages
Layout by Nathalie Schauner

Texte original en anglais
Traduction en français par le Comité Français des Barrages et Réservoirs
& Comite Suisse des Barrages
Mise en page par Nathalie Schauner

ISBN: 978-1-138-49203-5 (Pbk)
ISBN: 978-1-351-03142-4 (eBook)

COMMITTEE ON DAMS FOR HYDROELECTRIC ENERGY

COMITÉ DES BARRAGES POUR L'ÉNERGIE HYDROÉLECTRIQUE

Chairman/Président

Italy / Italie	Giovanni Ruggeri

Members/Membres

Austria / Autriche	Sebastian Perzlmaier
Brazil / Brésil	Cassio Viotti
Canada	Herb Hawson
France	Jean Boulet
Germany / Allemagne	Dominik Godde
India / Inde	Arvind Kumar
Iran	Abbas Aliabadi
Japan / Japon	Junya Takimoto
Nigeria	J.K. Okoye
Norway / Norvège	Leif Lia
Russia / Russie	Pavel Popov
Slovakia / Slovaquie	Homola Milan
Slovenia / Slovénie	Andrej Kryzanowski
South Africa / Afrique du Sud	Leon Furstenburg
Spain / Espagne	Alonso Joaquin Arroyo
Sri Lanka	Karmal Laksiri
Switzerland / Suisse	Raphael Leroy
United Kingdom / Royaume Uni	John Sawyer
Vietnam	Chi Dam Quang

SOMMAIRE	CONTENTS

TABLE DES MATIÈRES

TABLE OF CONTENTS

FIGURES

FIGURES

FIGURES

AVANT PROPOS

Le Bulletin est conçu comme un document général destiné à un large public technique impliqué ou affecté par l'hydroélectricité. Il offre une vue d'ensemble des principaux sujets liés à l'hydroélectricité et fait particulièrement référence aux barrages dans le cadre du développement de l'hydroélectricité.

Les données de base de base sont présentées pour la demande et la production d'électricité, avec une référence spécifique à la production d'hydroélectricité. Certaines statistiques sont présentées pour les barrages hydroélectriques, les centrales hydroélectriques, les réservoirs de stockage classiques et à accumulation, actuellement en exploitation ou en construction.

Les aspects clés de la production hydroélectrique sont abordés, en soulignant les divers services auxiliaires que l'hydroélectricité peut fournir. Les données sont présentées sur le capital typique et les coûts d'exploitation internes et externes. Les impacts environnementaux et sociaux sont discutés, et une référence spécifique est faite à l'impact des réservoirs sur les émissions de gaz à effet de serre.

L'ampleur actuelle du développement de l'énergie hydroélectrique fait l'objet d'un débat, aussi bien dans les pays où le potentiel hydroélectrique a été considérablement développé que dans ceux où le potentiel est encore très grand. L'influence sur l'hydroélectricité des politiques nationales et internationales visant à favoriser le développement des énergies renouvelables est également brièvement discutée.

Compte tenu de l'attention récemment accrue, une section est consacrée à l'exploitation de l'énergie des marées au moyen de systèmes de barrage.

Des sources d'informations de référence, sur l'hydroélectricité en général et des cas intéressants, sont fournies à la fin du Bulletin.

Bien que des efforts et des analyses importants aient été réalisés pour tenter de garantir que les données présentées sont les plus récentes et les plus à jour, il est possible que certaines données soient datées ou non corroborées. Quoi qu'il en soit, l'intention du Bulletin et la fiabilité des informations qui y sont rapportées ne sont pas compromises.

FOREWORD

The Bulletin is intended as a general document aimed at a wide technical audience involved with or affected by hydropower. It offers an overview of the main topics related to hydropower and makes particular reference to dams as part of hydropower developments.

Basic background data are presented for electricity demand and production with specific reference to hydro-electricity production. Some statistics are presented for hydropower dams, hydropower plants, conventional and pumped storage, currently in operation or under construction.

Key aspects of hydropower production are discussed, highlighting various ancillary services that hydropower can provide. Data are presented about typical capital and both internal and external operating costs. Environmental and social impacts are discussed, and specific reference is made to the impact reservoirs have on greenhouse gas emissions.

The current extent of hydropower development is discussed, both in countries where the hydropower potential has been extensively developed and in those where very large potential still exists. The influence on hydropower of national and international policies aimed to favour the development of renewable energies is also briefly discussed.

Considering the recent increased attention, a section is dedicated to the exploitation of tidal energy by means of barrage systems.

Reference sources of information, on hydropower in general and interesting case-histories, are provided at the end of the Bulletin.

Although significant effort and review has been carried out in an attempt to ensure that the presented data is the most current and up to date, it is possible that some data may be dated or unsubstantiated. Regardless it is believed that the intent of the Bulletin and reliance of the information reported therein is not compromised.

1. DEMANDE ET PRODUCTION D'ÉLECTRICITÉ

À mesure que la population mondiale augmente, la demande en eau potable, en aliments, en ressources naturelles, en industries et en énergie augmente sans cesse. Au cours des millénaires, l'homme a utilisé l'énergie fournie par les animaux, l'eau, le vent et, plus récemment, le gaz, les combustibles fossiles et l'électricité.

L'électricité est unique par sa facilité de distribution et par sa multitude d'applications. En conséquence, la croissance de la demande d'électricité a été plus rapide que toute autre source d'énergie finale. La Figure 1.1 montre une croissance relativement constante de la demande mondiale d'électricité d'environ 3% par an sur une période de 30 ans allant de 1970 à 2000.

La croissance de la demande d'électricité dans les pays de l'OCDE[1] se maintient à un niveau proche de la tendance historique. Les pays émergents enregistrent toutefois des taux de croissance économique élevés et une forte croissance de la demande en électricité qui en découle. La Chine a affiché les plus hauts niveaux de croissance.

À l'heure actuelle, les États-Unis et la Chine sont les plus gros producteurs d'électricité du monde (environ 20% chacun). La production d'électricité en Asie, à l'exception de la Chine, dépasse maintenant celle de l'Amérique du Nord ou de l'Europe. La figure 1.2 montre la répartition actuelle de la production d'électricité par région.

Historiquement, l'électricité a été générée par la combustion de combustibles fossiles ou par l'hydroélectricité. Plus récemment, des centrales nucléaires et une production utilisant les technologies éolienne, solaire, géothermique et autres ont été développées. La Figure 1.3 montre la croissance de la production d'électricité, par carburant. Il ressort clairement de la Figure 1.3 que plus de 60% de la production mondiale d'électricité provient actuellement de combustibles fossiles, principalement du charbon, du pétrole et du gaz naturel. La Figure 1.4 montre la composition actuelle de la production énergétique mondiale par combustible.

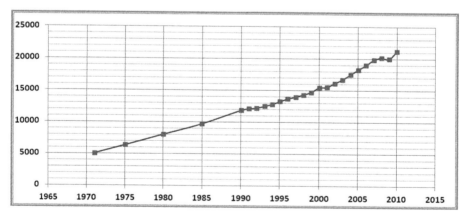

Figure 1.1
Production d'électricité dans le monde (TWh) - (données de la Référence 1)

---

[1] « Pays membres de l '«Organisation de coopération et de développement économiques»: Australie, Autriche, Belgique, Canada, République tchèque, Danemark, Finlande, France, Allemagne, Grèce, Hongrie, Islande, Irlande, Italie, Japon, Corée, Luxembourg, Mexique, Pays-Bas, Nouvelle-Zélande, Norvège, Pologne, Portugal, République slovaque, Espagne, Suède, Suisse, Turquie, Royaume-Uni, États-Unis. »

1.   ELECTRICITY DEMAND AND PRODUCTION

As the world's population grows there is an ever-increasing demand for potable water, food, natural resources, industry and energy. Over millennia man has used energy provided by animals, water, wind and more recently, gas, fossil fuels and electricity.

Electricity is unique in its ease of distribution and in its multitude of applications. As a result, the growth in demand for electricity has been faster than any other end-source of energy. Figure 1.1 shows a constant growth in world electricity demand of about 3% per annum over a 30-year period from 1970 to 2000.

Growth in electricity demand in the OECD Countries[1] continues at a level close to the historic trend. Emerging countries are however, reporting high rates of economic growth and associated high growth in electricity demand. China has shown the highest levels of growth.

Currently the United States and China are the world's largest electricity producers (about 20% each). Power generation in Asia, excluding China, now exceeds that produced by North America or Europe. Figure 1.2 shows the current distribution of electricity generation by region.

Historically electricity has been generated by burning fossil fuels or by using hydropower. More recently there has been the development of nuclear power stations and generation using wind power, solar, geothermal and other technologies. The growth in electricity production, by fuel, is shown in Figure 1.3. From Figure 1.3 it is clear that more than 60% of the world's electricity production is currently from fossil fuels, primarily coal, oil and natural gas. Figure 1.4 shows the current world power generation mix by fuel.

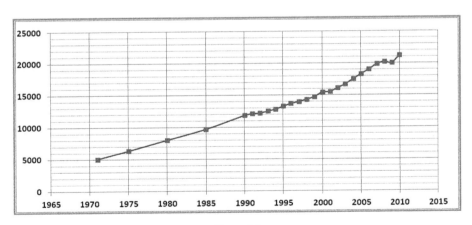

Figure 1.1
Electricity production in the world (TWh) – (data from Ref. 1)

---

[1] Countries belonging to the "*Organisation for Economic Co-operation and Development*": Australia, Austria, Belgium, Canada, Czech Republic, Denmark, Finland, France, Germany, Greece, Hungary, Iceland, Ireland, Italy, Japan, Korea, Luxembourg, Mexico, the Netherlands, New Zealand, Norway, Poland, Portugal, Slovak Republic, Spain, Sweden, Switzerland, Turkey, United Kingdom, United States.

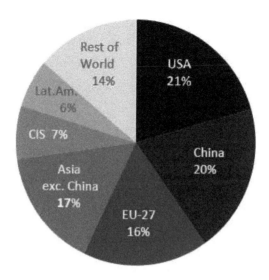

Figure 1.2
Répartition de la production d'électricité, par région - (données de la Référence 1)

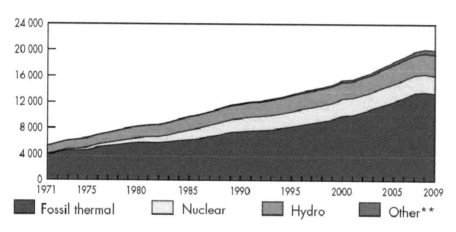

Figure 1.3
Production d'électricité par combustible (TWh) - (d'après la Référence 3)

(Remarque: «Autres» comprend les énergies géothermique, solaire, éolienne, les énergies renouvelables combustibles, les déchets et la chaleur)

Presque invariablement, la production d'électricité à partir de combustibles fossiles est la plus économique. En conséquence, les pays en développement devraient suivre en grande partie une voie de développement à forte intensité de carbone, similaire à celle suivie par les pays industrialisés. Des changements de politique et des investissements considérables dans les nouvelles technologies seront nécessaires pour changer cette tendance. Il est peu probable que les pays en développement ouvrent la voie à cet égard.

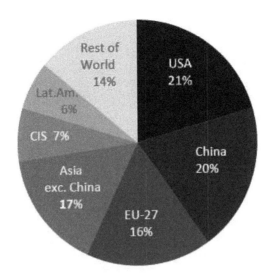

Figure 1.2
Distribution of electricity generation, by region - (data from Ref. 1)

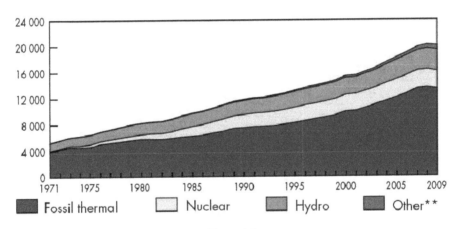

Figure 1.3
Electricity production by fuel (TWh) - (from Ref. 3)

(Note: "Other" includes geothermal, solar, wind, combustible renewables & waste, and heat)

Almost invariably electricity generation using fossil fuels is the most economical. Accordingly, developing countries are expected to largely follow a carbon-intensive development path, similar to that taken by industrialised nations in the past. It will require policy changes and considerable investments in new technologies to change this trend. It is unlikely that developing countries will lead the way in this respect.

Divers organismes ont élaboré des scénarios de demande future d'électricité (voir Référence 2). Ces scénarios indiquent que la consommation mondiale d'énergie augmentera d'environ 30% d'ici 2020, principalement en raison de la croissance rapide de la demande en Chine et en Inde.

En raison de cette croissance et de l'intérêt prévu pour les combustibles fossiles, il est prévu que les émissions mondiales de CO_2 augmenteront également d'environ 30%. Ce lien direct entre la consommation d'énergie et les émissions de gaz à effet de serre nécessite des technologies plus efficaces pour la fourniture et l'utilisation de l'énergie et une transition vers des sources d'énergie plus propres et renouvelables.

L'Agence internationale de l'énergie a examiné le rôle des technologies d'énergie renouvelable existantes et quasi commerciales dans les scénarios futurs possibles. Ils ont développé deux scénarios possibles pour l'année 2030 comme suit :

- « Scénario de référence », dans lequel les énergies renouvelables constitueront environ 14% de la demande mondiale en énergie primaire.

- « Scénario de politique alternative », dans lequel les énergies renouvelables constitueront environ 16% de la demande mondiale en énergie primaire. Ce scénario supposait la mise en œuvre de diverses politiques actuellement à l'étude pour assurer la sécurité énergétique et réduire les émissions de gaz à effet de serre.

Outre les besoins en énergie illustrés ci-dessus, il est également utile de garder à l'esprit les huit objectifs du Millénaire pour le développement (OMD) que 189 États membres des Nations Unies et de nombreuses organisations internationales ont convenu de poursuivre pour améliorer les conditions socio-économiques des pays les plus pauvres du monde et d'englober les valeurs et les droits de l'homme universellement acceptés :

- Réduire l'extrême pauvreté et la faim,

- Assurer l'éducation primaire universelle,

- Promouvoir l'égalité des sexes et autonomiser les femmes

- Réduire la mortalité infantile

- Améliorer la santé maternelle,

- Combattre le virus du SIDA, le paludisme et d'autres affections,

- Assurer la stabilité environnementale

- Développer un partenariat mondial pour le développement.

Bien que l'accès à l'énergie pour tous ne soit pas un OMD en soi, il est évident qu'il reste crucial pour la réalisation des OMD.

De ce qui précède, il est évident que le monde a besoin d'énergie à un rythme de plus en plus important et qu'une grande partie des besoins en énergie devra être fournie par la production d'électricité. Il est également clair que l'homme, dans sa quête d'énergie, augmentera probablement considérablement les émissions de gaz à effet de serre au cours des vingt prochaines années. Outre les conséquences négatives liées au changement climatique, il convient également de garder à l'esprit que les combustibles fossiles ne sont pas renouvelables et que les ressources sont limitées. En conséquence, des investissements importants seraient nécessaires pour développer des technologies renouvelables.

L'hydroélectricité représente actuellement environ 16% de la production mondiale d'électricité, comme le montre la Figure 1.4. C'est actuellement la plus grande source de production à partir de sources renouvelables. Le reste de ce rapport se concentrera sur le rôle de l'hydroélectricité uniquement.

Various agencies have developed future electricity demand scenarios (see Reference 2). These scenarios indicate that world energy consumption will increase by about 30% by year 2020, primarily as a result of rapid growth in demand in China and India.

As a result of this growth, and the expected focus on fossil fuels, it is anticipated that the world CO_2 emissions will also increase by about 30%. This direct link between energy use and greenhouse gas emissions calls for more efficient technologies for the supply and use of energy and a transition to cleaner and renewable energy sources.

The International Energy Agency has considered the role of existing and near-commercial renewable energy technologies in possible future scenarios. They developed two possible scenarios for year 2030 as follows:

- "Reference Scenario", in which renewables will constitute about 14% of the world primary energy demand.

- Alternative Policy Scenario", in which renewables will constitute about 16% of the world primary energy demand. This scenario assumed implementation of various policies currently being considered to ensure energy security and to reduce greenhouse gas emissions.

In addition to the energy needs illustrated above, it is also useful to keep in mind the eight Millennium Development Goals (MDGs) that 189 United Nations member states and many international organizations have agreed to pursue to improve the social-economic conditions in the world's poorest countries and to encompass universally accepted human values and rights:

- Eradicate Extreme Poverty and Hunger,

- Achieve Universal Primary Education,

- Promote Gender Equality and Empower Women

- Reduce Child Mortality

- Improve Maternal Health

- Combat HIV/AIDS, Malaria, and Other Diseases

- Ensure Environmental Stability

- Develop a Global Partnership for Development

Though access to energy for all is not an MDG in itself, it is evident that it remains crucial for achieving the MDGs.

From the above it is evident that the world needs energy at an ever increasing rate and that much of the energy needs will have to be supplied by generating electricity. It is also clear that man, in his quest for energy, will probably increase greenhouse gas emissions significantly over the next twenty years. Apart from the negative consequences associated with climate change it should also be borne in mind that fossil fuels are not renewable and that resources are finite. Accordingly, there would have to be significant investment in the development of renewable technologies.

Hydropower currently accounts for about 16% of the world's electricity generation as shown in Figure 1.4. At present it is the biggest source of production from renewable sources. The rest of this report will focus on the role of hydropower only.

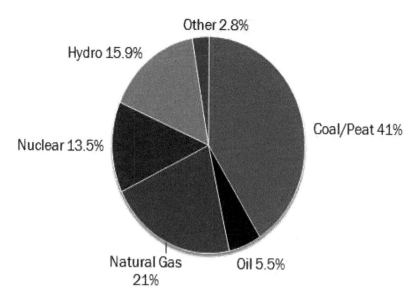

Figure 1.4
Répartition actuelle de la production mondiale d'énergie - (d'après la Référence 2)

(Remarque: «Autres» comprend les énergies géothermique, solaire, éolienne, les énergies renouvelables combustibles, les déchets et la chaleur)

1.1. HYDROÉLECTRICITÉ

Alors que dans les pays de l'OCDE, la production d'hydroélectricité est restée presque constante au cours de la dernière décennie, après une période de croissance constante pendant près de trente ans, dans les pays non-membres de l'OCDE, la production d'hydroélectricité affiche une croissance continue, particulièrement significative Chine, Brésil et Inde.

Les centrales hydroélectriques contribuent actuellement à la production d'électricité dans quelque 160 pays. Plus de la moitié de l'approvisionnement national en électricité est produite à partir d'hydroélectricité dans environ 60 pays. Malgré cette forte empreinte, plus de 50% de la production hydroélectrique totale dans le monde provient de six pays seulement (Chine, Brésil, Canada, États-Unis, Russie, Norvège), comme illustré à la figure 1.5. Vous trouverez ci-dessous quelques notes sur l'évolution de chacun des pays :

La **Chine** possède actuellement la plus grande capacité de production hydroélectrique au monde (Référence 14, Référence 15). En outre, il dispose du plus vaste programme de développement d'hydroélectricité au monde. Ce programme de développement reflète l'engagement de la Chine à développer sa capacité de production d'énergie tout en limitant l'augmentation des émissions de CO_2. Les installations hydroélectriques ont atteint fin 2010 environ 220 GW, réalisant 40% du potentiel techniquement réalisable et 22% de la capacité totale installée de la Chine. La production annuelle d'hydroélectricité est d'environ 690 TWh (données de 2010), soit environ 16% de la production totale d'électricité de la Chine. D'ici 2020, la capacité hydroélectrique installée devrait atteindre environ 300 GW. Bien qu'il existe environ 50 000 centrales hydroélectriques en Chine, seules une vingtaine ont une capacité installée supérieure à 1000 MW et plus de 45 000 centrales ont une puissance installée inférieure à 50 MW.

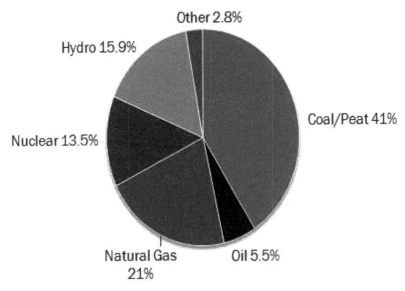

Figure 1.4
Current world power generation mix - (from Ref. 2)

(Note: "Other" includes geothermal, solar, wind, combustible renewables & waste, and heat)

1.1. HYDROELECTRICITY

While in the OECD Countries the production of hydroelectricity has remained almost constant over the last decade, after a period of almost thirty years of constant growth, in the non-OECD countries the hydro-electric production shows a continual growth, particularly significant in China, Brazil and India.

Hydropower plants currently contribute to electricity generation in some 160 countries. More than half of the national electricity supply is produced from hydro in about 60 countries. Despite this large footprint, more than 50% the world's total hydro production comes from only six countries (China, Brazil, Canada, USA, Russia, Norway) as shown in Figure 1.5. Some notes on the development in each of the countries follow below:

China currently has the largest hydroelectric production capacity in the world (Reference 14, Reference 15). In addition, it has the largest hydropower development program in the world. This development program reflects China's commitment to developing its energy production capacity whilst, at the same time, limiting the increase of CO_2 emissions. Hydropower installations reached at the end of 2010 about 220 GW, achieving 40% of the technically feasible potential, and accounting for 22% of China's total installed capacity. The annual hydropower generation is about 690 TWh (2010 data), accounting for about 16% of China's total power generation. By 2020 the installed hydropower capacity should reach around 300 GW. Although there are some 50 000 hydropower plants in China only about 20 have an installed capacity of more than 1000MW and more than 45 000 plants have an installed capacity of less than 50 MW.

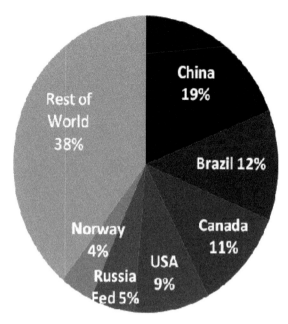

Figure 1.5
Production d'hydroélectricité, par région - (données de la Référence 3)

Le **Brésil** est actuellement le deuxième producteur mondial d'énergie hydroélectrique en dépit de sa capacité installée inférieure à celle des États-Unis. En 2011, le pays produisait environ 91% de sa demande en énergie électrique à partir de l'hydroélectricité. Environ 82 GW d'hydroélectricité sont actuellement installés (2011), ce qui représente environ 70% de la capacité totale installée au Brésil (référence 55). Plus de 9 GW de capacité hydroélectrique sont en construction (dont 60% par des promoteurs privés), et 32 autres GW devraient entrer en activité jusqu'en 2020. Plus de 40 nouveaux projets hydroélectriques devraient être mis en service avant la fin de 2020 (Référence). 56) dont les plus importants sont :

- Projet Belo Monte d'une capacité supérieure à 11 GW.

- Projet Sao Luis do Tapajós d'une capacité supérieure à 6 GW.

- Quatre autres projets d'une capacité prévue supérieure à 1 GW chacun.

Selon les prévisions du plan énergétique national jusqu'en 2030, le pourcentage d'énergie nationale produite à partir de centrales hydroélectriques se maintiendra dans une fourchette allant de 70 à 75% (référence 56). Le potentiel hydroélectrique total du Brésil (développé et non développé) est estimé à 260 GW, dont 43% dans la région du Nord. Cependant, compte tenu des contraintes économiques, sociales et environnementales, le potentiel sera réduit à 174 GW. Le gouvernement brésilien encourage la construction de petites centrales hydroélectriques et achète l'énergie produite. Selon la législation et la réglementation brésilienne, les petites centrales hydroélectriques sont définies comme des installations pouvant atteindre 30 MW et un réservoir de surface maximale de 13 km^2. Ce sont généralement les usines de production d'eau avec un petit barrage et un impact faible sur l'environnement. Au cours de la décennie 2001–2010, cent soixante-huit petites centrales hydroélectriques ont été mises en service complètement à la suite de l'installation de 2 425 MW (Référence 57). À l'heure actuelle (2011), la capacité de puissance installée totalise environ 3,90 GW.

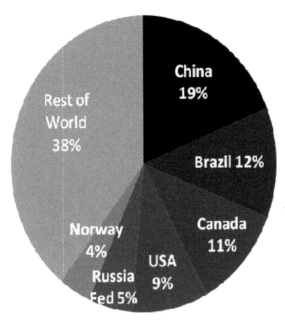

Figure 1.5
Hydro electricity production, by region - (data from Ref. 3)

Brazil is currently the second largest hydroelectric energy producer in the world despite the fact that it has a smaller installed capacity than the USA. In 2011 the country produced about 91% of its electric energy demand from hydro. About 82 GW of hydropower are currently installed (2011), accounting for about 70% of the total installed capacity in Brazil (Reference 55). More than 9 GW of hydropower capacity are under construction (60% of which by private developers), and further 32 GW are planned to start operation until 2020. More than 40 new hydropower projects are planned to be commissioned before the end of 2020 (Reference 56) of which the largest are:

- Belo Monte project with a capacity in excess of 11 GW.

- Sao Luis do Tapajós project with a capacity in excess of 6 GW.

- Four other projects each with a planned capacity in excess of 1 GW.

According to the National Energy Plan with a forecast until 2030, the percentage of national energy produced from hydro plants will continue in the 70 to 75% range (Reference 56). The total hydropower potential of Brazil (developed and undeveloped) is estimated in 260 GW, of which 43% are situated in the Northern region. However, considering economic, social and environmental restriction, the potential will be reduced to 174 GW. The Brazilian Government encourages the construction of small hydropower plants and buys the energy produced. According to Brazilian Law and regulations small hydropower plants are defined as an installation with a capacity up to 30 MW and a reservoir with a maximum surface of 13 km². Usually they are run-of-the-river plants with a small dam and a low environmental impact. In the decade 2001 to 2010 one hundred seventy-eight small hydropower plants entered into operation with a total installed capacity of 2 425 MW (Reference 57). At present (2011) the installed power capacity totals about 3.90 GW.

Le **Canada** est actuellement le troisième plus grand producteur d'énergie hydroélectrique au monde. L'hydroélectricité est le principal type de production d'électricité par les services publics au Canada, avec une part proche de 60%. L'hydroélectricité est le but de la grande majorité (environ 70%) des grands barrages au Canada. On estime (référence 16) que plus de 70 GW d'hydroélectricité ont déjà été développés au Canada (une estimation très précise est difficile, car de nombreux projets sont actuellement en cours et en cours de réalisation), pour une production d'environ 370 TWh / an. L'hydroélectricité est produite à partir de 450 grandes et moyennes centrales et de plus de 200 petites centrales (moins de 10 MW). Le potentiel de développement hydroélectrique supplémentaire au Canada est élevé. Le potentiel hydroélectrique non développé est estimé à environ 160 GW (capacité pouvant être développée techniquement, sans tenir compte de facteurs de faisabilité tels que des questions économiques ou sociales). Environ 80% des ressources hydroélectriques du pays sont situées dans les provinces du Québec, de la Colombie-Britannique, du Yukon, de l'Alberta, de l'Ontario et du Territoire du Nord-Ouest.

Les **États-Unis d'Amérique** sont actuellement le quatrième producteur mondial d'énergie hydroélectrique, bien qu'ils aient la deuxième plus grande capacité installée. La production relativement faible d'énergie (environ 300 TWh / an, représentant environ 7% de la production totale d'électricité, voir référence 41) résulte des importants investissements du pays dans les installations de stockage par pompage. Sur les 100 GW installés, environ 20 GW sont les installations de stockage pompées utilisées pour la génération d'énergie de pointe et à d'autres fins. En outre, environ 60% de l'expansion actuellement prévue proviendra d'installations de stockage à pompe et d'énergie marine (voir Référence 42). Peu de nouvelles grandes centrales hydroélectriques sont prévues et la majeure partie de l'expansion future viendra du rééquipement hydroélectrique des barrages existants ou de la rénovation et de la modernisation des installations hydroélectriques existantes.

La **Russie** est un important producteur d'hydroélectricité (environ 165 TWh / an). L'énergie hydroélectrique représente environ 20% de la demande totale en électricité du pays. La capacité hydroélectrique installée totale est d'environ 45 GW, plus de 7 GW de capacité hydroélectrique sont en construction et 12 GW supplémentaires sont prévus. Le développement de l'hydroélectricité en Russie est rendu difficile en raison de l'éloignement des ressources hydrauliques en vrac des principaux consommateurs d'énergie. En conséquence, on estime que seulement environ 850 TWh / an seraient économiquement exploitables par rapport au potentiel hydroélectrique d'environ 2 200 TWh / an. Les cinq bassins hydrographiques représentent la majeure partie du potentiel de développement, à savoir : Yenisei (34%), Lena (27%), Ob (11%), Amur (7%) et Volga (7%). À ce jour, environ 20% seulement du potentiel de ces rivières est exploité. Sur le plan spatial, environ 40% de la capacité hydroélectrique du pays se trouve en Russie européenne, 23% en Sibérie et moins de 6% en Extrême-Orient.

La **Norvège**. La quasi-totalité de la production d'électricité en Norvège se fait par hydroélectricité, environ 1% seulement provenant d'autres sources. La production hydroélectrique annuelle est d'environ 125 TWh. La puissance installée est de 29,50 GW. Malgré la forte dépendance à l'hydroélectricité, aucun nouveau grand barrage n'a été construit sur de nouveaux projets au cours de la dernière décennie. Deux grands barrages importants, le barrage de Stolsvatn et le barrage de Hogganvatn, ont récemment été remplacés et un programme de modernisation majeur est en cours pour les grands barrages norvégiens. En 2012/2013, un nouveau barrage en arc à double courbure de 50 m de hauteur est en construction à Sarvsfossen. Depuis 2005, les petites centrales hydroélectriques ont reçu l'acceptation politique et une opinion publique positive et 30 à 50 petites centrales hydroélectriques (<10 MW) sont mises en service chaque année. L'augmentation des prix de l'énergie en Norvège a entièrement financé cette croissance sans aucune subvention jusqu'en 2011.

Les tendances futures suivantes sont notées pour la Norvège :

- En raison de l'âge croissant du système hydroélectrique, d'importants programmes de modernisation doivent être mis en place dans un proche avenir.

Canada is currently the third largest hydroelectric energy producer in the world. Hydroelectricity is the leading type of power generation by utilities in Canada, with a share close to 60%. Hydro power is the purpose of the great majority (about 70%) of large dams in Canada. It is estimated (Reference 16) that more than 70 GW of hydropower have been already developed in Canada (a very accurate estimate is difficult, as there are currently many projects coming on stream and in the works), for a hydropower generation of about 370 TWh/year. The hydroelectricity is produced from 450 large and medium scale stations and more than 200 small plants (less than 10 MW). The potential for further hydroelectric development in Canada is large. The undeveloped hydropower potential is estimated to be of the order of 160 GW (capacity that can technically be developed, not considering feasibility factors such as economic or social issues). Some 80% of the countries hydro resources are located in the provinces of Quebec, British Columbia, Yukon, Alberta, Ontario and the Northwest Territory.

The **United States of America** is currently the world's fourth largest producer of hydro-electric energy although it has the second largest installed capacity. The relatively low energy production (about 300 TWh/year, accounting for about 7% of the total electricity production, see Reference 41) is as a result of the countries large investment in pumped storage schemes, of the 100 GW installed about 20 GW are pumped storage plants used for the generation of peaking power and for other purposes. Furthermore, some 60% of currently planned expansion will be from pumped storage plants and marine energy (see Reference 42). Few new large hydro plants are planned and much of the future expansion will come from retrofitting hydro to existing dams and/or refurbishment and modernisation of existing hydropower facilities.

Russia is a major hydropower producer (about 165 TWh/year). Hydropower constitutes about 20% of the country's total power demand. The total installed hydropower capacity is about 45 GW, more than 7 GW of hydro capacity are under construction and further 12 GW are planned. Development of hydropower in Russia is made difficult as a result of the remoteness of the bulk hydro resources from the primary power consumers. Accordingly, it is estimated that only about 850 TWh/year would be economically exploitable compared to the hydro potential of about 2900 TWh/year. Five river basins account for most of the developable potential as follows: Yenisei (34%), Lena (27%), Ob (11%), Amur (7%) and the Volga (7%). To date only about 20% of the potential of these rivers is exploited. Spatially, about 40% of the countries hydro capacity is in European Russia, some 23% is in Siberia and less than 6% is in the Far East of the country.

Norway. Almost all electricity generation in Norway is by hydro power with only about one percent coming from other sources. The annual hydroelectric production is about 125 TWh. The installed output is 29,50 GW. Despite the heavy reliance on hydro, no new large dams on new projects have been constructed in the last decade. Two major large dams, Stolsvatn dam and Hogganvatn dam have recently been replaced, and there is a major upgrading program underway for Norwegian large dams. In 2012/2013 a new double curvature arch dam 50 m high is under construction at Sarvsfossen. Since 2005 small hydro has received political acceptance and positive public opinion and 30–50 small hydro power plants (<10 MW) are commissioned annually. Increasing energy prices in Norway fully funded this growth without any subsidies until 2011.

The following future trends are noted for Norway:

•   Due to the increasing age of the hydropower system, major upgrading programs must come in the near future.

- Le développement de l'énergie éolienne et solaire en conjonction avec l'hydroélectricité libère une partie de la capacité de régulation des grands réservoirs en Norvège, pour le développement de projets de stockage de pointe ou de stockage par pompage. Avec suffisamment de câbles, on estime qu'environ 20 GW ou plus pourraient être développés en Norvège sans problèmes environnementaux majeurs ni développement de nouveaux réservoirs. Il y a cependant quelques limitations dans ce processus. Les connexions par câble sont chères. Des taux de prélèvement / remplissage de réservoir acceptables sur le plan environnemental sont parfois restrictifs. Il y a actuellement un manque de critères commerciaux développés pour équilibrer le pouvoir.

- Les certificats verts conclus entre la Suède et la Norvège à partir de 2012 dans le cadre d'un accord avec l'UE accéléreront vraisemblablement le processus de développement de petites centrales hydroélectriques et de modernisation des systèmes d'alimentation existants. L'accord introduira 11% d'énergie nouvelle en 2020 par rapport à 2011.

- Development of wind and solar power in conjunctive use with hydro releases some of the large reservoir regulation capacity in Norway, for development of peaking power or pumped storage projects. With sufficient cable connections, it is estimated that some 20 GW or more could be developed in Norway without major environmental issues or development of new reservoirs. There are however some limitations in this process. Cable connections are expensive. Environmentally acceptable reservoir drawdown/filling rates are sometimes restrictive. There is currently a lack of developed business criteria for balancing power.

- Green certificates agreed between Sweden and Norway from 2012 as a part of an EU-agreement will most likely speed up the process with development of small hydro and upgrading of existing power schemes. The agreement will introduce 11% new energy in 2020 compared to 2011.

2. LES BARRAGES ET LES USINES HYDROELÉCTRIQUES

2.1. LES BARRAGES

Sur la base des critères ICOLD applicables aux grands barrages, principalement un barrage structurel d'une hauteur d'au moins 15 mètres au-dessus des fondations, il est estimé qu'il existe plus de 52 000 grands barrages en activité dans le monde. Cette estimation est dérivée des données du registre mondial des barrages ICOLD 2010, qui répertorie plus de 38 000 barrages, et tient compte du fait que la Chine n'a pas encore signalé de barrages de 15 à 30 m de haut. Les estimations placent le nombre de barrages chinois dans cette gamme à plus de 14 000.

La plupart des barrages dans le monde sont construits avec l'irrigation comme objectif principal. L'hydroélectricité est le deuxième moteur de la construction de barrages. Les barrages ayant pour principal objectif l'hydroélectricité, ou l'un des principaux, sont estimés à environ 25% du total. Le pourcentage de barrages construits principalement à des fins d'hydroélectricité varie géographiquement, allant de 6 à 7% en Afrique et en Asie, à l'exclusion de la Chine, à plus de 30% en Europe. Les barrages hydroélectriques à usage unique sont les plus courants en Europe et en Amérique du Sud.

La hauteur de chute étant une préoccupation majeure dans la production d'énergie hydroélectrique, il n'est pas surprenant que les barrages construits principalement pour la production d'énergie hydroélectrique comptent pour beaucoup des plus grands barrages du monde. En fait, l'hydroélectricité est le principal objectif de plus de 80% des barrages de plus de 200 m de haut, et les barrages les plus hauts du monde sont tous des barrages hydroélectriques, comme le montre le Tableau 2.1 ci-dessous.[2]

Tableau 2.1

Barrage	Hauteur (m)	Type	Pays	Objectif Premier
Nurek	300	Remblai (Terre)	Tajikistan	Hydro-électrique
Xiaowan	292	Béton (Voute)	Chine	Hydro-électrique
Grande Dixence	285	Béton (Gravité)	Suisse	Hydro-électrique
Inguri	272	Béton (Voute)	Georgie	Hydro-électrique
Manuel Moreno Torres (Chicoasén)	261	Remblai (Terre)	Mexique	Hydro-électrique
Tehri	261	Remblai (Terre)	Inde	Hydro-électrique
Álvaro Obregón	260	Béton (Voute)	Mexique	Irrigation
Mauvoisin	250	Béton (Voute)	Suisse	Hydro-électrique
Alberto Lleras (Guavio)	243	Remblai (Enrochement)	Colombie	Hydro-électrique
Mica	243	Remblai (Terre)	Canada	Hydro-électrique
Sayano Shushenskaya	242	Béton (Voute Gravité)	Russie	Hydro-électrique

---

[2] «Le barrage de Vajont (260 m, Italie) n'est pas indiqué dans le tableau car, après le glissement de terrain qui a rempli son réservoir en 1963, il n'est plus utilisé pour la production d'électricité. Même s'il est toujours inscrit dans le registre des grands barrages italiens, il agit désormais comme un énorme «mur de soutènement».

2. DAMS AND HYDROPOWER PLANTS

2.1. DAMS

Based on the ICOLD criteria for large dams, principally a structural dam height above foundation not less than 15 metres, it is estimated that there are more than 52 000 large dams in operation around the world. This estimate is derived from data in the 2010 ICOLD World Register of Dams which lists more than 38 000 dams, and takes into account that China has, to date, not yet reported dams between 15 and 30 m high. Estimates put the number of Chinese dams in this range at more than 14 000.

Most dams around the world are built with irrigation as the primary purpose. Hydropower is the second biggest driver for building dams. Dams having hydropower as the primary purpose, or one of the main purposes, are estimated to be in the order of 25% of the total. The percentage of dams built primarily for hydropower purposes vary geographically, ranging between 6-7% in Africa and Asia excluding China, to more than 30% in Europe. Single-purpose hydropower dams are most common in Europe and South America.

As head is of primary concern in generating hydro power, it is no surprise that dams built primarily for hydroelectric power production account for many of the world's highest dams. In fact, hydropower is the primary purpose for more than 80% of all dams higher than 200 m, and the highest dams in the world are all hydropower dams as shown in the Table 2.1, that follows[2].

Table 2.1

Dam name	Height (m)	Type	Country	Primary Purpose
Nurek	300	Embankment (earth)	Tajikistan	Hydroelectric
Xiaowan	292	Concrete (arch)	China	Hydroelectric
Grande Dixence	285	Concrete (gravity)	Switzerland	Hydroelectric
Inguri	272	Concrete (arch)	Georgia	Hydroelectric
Manuel Moreno Torres (Chicoasén)	261	Embankment (earth)	Mexico	Hydroelectric
Tehri	261	Embankment (earth)	India	Hydroelectric
Álvaro Obregón	260	Concrete (arch)	Mexico	Irrigation
Mauvoisin	250	Concrete (arch)	Switzerland	Hydroelectric
Alberto Lleras (Guavio)	243	Embankment (rock-fill)	Colombia	Hydroelectric
Mica	243	Embankment (earth)	Canada	Hydroelectric
Sayano Shushenskaya	242	Concrete (arch-gravity)	Russia	Hydroelectric

---

[2] Vajont dam (260 m, Italy) is not reported in the Table because, after the landslide that filled its reservoir in 1963, it's no more used for power production. Even if still included in the register of large Italian dams, it's now acting as a huge "retaining wall".

Figure 2.1
Photos des plus hauts barrages

Remarques:
plus de la moitié des barrages donnés pour «l'Asie» sont en Chine et en Iran
plus de la moitié des barrages donnés pour «l'Europe» sont en Turquie

Quelques données intéressantes sur les plus hauts barrages du monde, tous les barrages hydroélectriques, sont présentées ci-après. Des images des barrages sont présentées à la Figure 2.1.

- Le Barrage Nurek. Actuellement le plus haut barrage du monde. C'est un barrage en terre avec un noyau central. La construction a commencé en 1961 et s'est achevée en 1980. Il est construit dans une zone sismique très active et, depuis son achèvement, a été soumis à de nombreux séismes importants. La centrale hydroélectrique comprend neuf groupes électrogènes d'une capacité totale installée de 3 000 MW. Le réservoir a une capacité de 10 500 millions de m³, une superficie d'environ 100 km² et une longueur de plus de 70 km. De l'eau est également fournie pour irriguer environ 700 km² de terres agricoles.

Figure 2.1
Pictures of the highest dams

Notes:
more than half of the dams given for "Asia" are in China + Iran
more than half of the dams given for "Europe" are in Turkey

Some interesting data for the highest dams in the world, all hydropower dams, are reported hereafter. Pictures of the dams are shown in Figure 2.1.

- Nurek dam. Currently the highest dam in the world. It is an earthfill dam, with a central core. Construction began in 1961 and was completed in 1980. It is built in a highly active seismic zone and has, since completion, been subjected to many large earthquakes. The hydroelectric power plant has nine generating units, with a total installed capacity of 3 000 MW. The reservoir has a capacity of 10 500 million m³, a surface area of about 100 km² and a length of more than 70 km. Water is also supplied to irrigate about 700 km² of farmland.

- Le Barrage de Xiaowan est un barrage en arc à double courbure situé sur le Mékong, dans la province du Yunnan, dans le sud-ouest de la Chine. Le barrage a une longueur de crête de 900 m et une épaisseur variant de 13 m à la crête à 69 m à la base. La construction a été achevée en 2010. Elle forme un réservoir de 15 000 millions de m³. La capacité totale installée est de 4 200 MW.
- Le Barrage de Grande Dixence est actuellement le barrage-poids en béton le plus haut du monde. Il crée un réservoir d'environ 400 millions de m³, à une altitude supérieure à 2 000 m.s.l. La construction a été achevée en 1964. Le barrage fournit de l'eau à quatre centrales d'une puissance installé totale de 2 069 MW, générant environ 2 000 GWh / an (un cinquième de l'énergie stockable produite en Suisse). La centrale de Bieudron (3 x 423 MW, puissance brute de 1883 m) était hors service pendant 9 ans à la suite de la rupture de la conduite forcée en 2000; la réhabilitation a été achevée en 2009 et l'exploitation de l'usine a repris en janvier 2010.
- Le Barrage Inguri est actuellement le plus haut barrage en béton au monde. La construction a débuté en 1961 et s'est achevée en 1987. La centrale compte 20 turbines d'une puissance totale installée de 1 320 MW, générant environ 3 800 GWh / an, soit environ la moitié de la totalité de l'électricité fournie en Géorgie.
- Le Barrage Manuel Moreno Torres (Chicoasén) est un barrage en enrochement avec noyau de terre. Il a une longueur de crête de 584 m et crée un réservoir de 1 440 millions de m³. La construction a débuté en 1975 et s'est achevée en 1980. La centrale compte huit unités de production de 300 MW chacune.
- Le barrage de Tehri est un barrage en remblai dont la longueur de la crête est de 575 m. La construction a commencé en 1978 et s'est achevée en 2006. La construction du barrage a ouvert un vif débat sur les préoccupations sociales et environnementales. Le barrage stocke environ 2 600 millions de m³ et alimente une centrale d'une capacité installée de 1 000 MW et d'une capacité de stockage pompée de 1 000 MW. De l'eau est également fournie pour l'irrigation et l'utilisation de l'eau par les municipalités.

a) *Les barrages en construction*

Plus de la moitié (56%) des grands barrages (hauteur> 60 m) actuellement en construction dans le monde utilisent de l'énergie hydraulique, et environ un tiers (30%) ont pour seul ou principal objectif l'hydroélectricité. Les statistiques sont illustrées à la Figure 2.2, en référence à la subdivision géographique ICOLD[3] (données de base de la Référence 5).

La majorité des barrages en construction actuellement pour la production d'énergie hydroélectrique sont des barrages en enrochement, en CFRD ou RCC (BCR), chacun représentant environ 20% du total.

---

[3] **Afrique**: Algérie, Angola, Bénin, Botswana, Burkina Faso, Cameroun, Congo, Côte d'Ivoire, Dém. Du Congo, Égypte, Éthiopie, Gabon, Ghana, Guinée, Kenya, Lesotho, Libéria, Libye, Madagascar, Malawi, Mali, Maurice, Maroc, Mozambique, Namibie, Nigéria, Sénégal, Seychelles, Sierra Leone, Afrique du Sud, Soudan, Swaziland, Tanzanie, Togo, Tunisie, Ouganda, Zambie, Zimbabwe;

Asie: Afghanistan, Bangladesh, Brunei, Cambodge, Chine, Inde, Iran, Iraq, Japon, Jordanie, Kazakhstan, Kirghizistan, Laos, Lettonie, Liban, Malaisie, Myanmar, Népal, Corée du Nord, Pakistan, Philippines, Arabie Saoudite, Singapour, Corée du Sud, Sri Lanka, Syrie, Taïwan / Chine, Tadjikistan, Thaïlande, Ouzbékistan, Viet Nam;

Austro-Asie: Australie, Fidji, Indonésie, Nouvelle-Zélande et Papouasie-Nouvelle-Guinée;

Europe: Albanie, Arménie, Autriche, Azerbaïdjan, Belgique, Bosnie-Herzégovine, Bulgarie, Croatie, Chypre, République tchèque, Danemark, Finlande, France, Géorgie, Allemagne, Grèce, Hongrie, Islande, Irlande, Italie, Lituanie, Luxembourg, Macédoine, Moldova, Pays-Bas, Norvège, Pologne, Portugal, Roumanie, Fédération de Russie, Slovaquie, Slovénie, Espagne, Suède, Suisse, Turquie, Ukraine, Royaume-Uni, Yougoslavie;

Amérique du Nord: Antigua, Canada, Cuba, El Salvador, Haïti, Honduras, Jamaïque, Mexique, Nicaragua, Trinité-et-Tobago, États-Unis;

Amérique du Sud: Argentine, Bolivie, Brésil, Chili, Colombie, Costa Rica, République dominicaine, Équateur, Guatemala, Guyana, Panama, Paraguay, Pérou, Suriname, Uruguay et Venezuela

- Xiaowan Dam is a double curvature arch dam on the Mekong River in Yunnan Province, southwest China. The dam has a crest length of 900 m and varies in thickness between 13 m at the crest and 69 m at the base. Construction was completed in 2010. It forms a reservoir of 15 000 million m³ capacity. Total installed capacity is 4 200 MW.
- Grande Dixence Dam is currently the world's tallest concrete gravity dam. It creates a reservoir of about 400 million m³, at an altitude in excess of 2000 m a.s.l. Construction was completed in 1964. The dam supplies water to four power stations with a total installed capacity of 2 069 MW, generating about 2000 GWh/year (a fifth of the storable energy produced in Switzerland). The Bieudron power station power station (3x423 MW, 1883 m gross head) was out of service for 9 years following the rupture of the penstock in 2000; the rehabilitation was completed in 2009 and the operation of the plant started again in January 2010.
- Inguri Dam is currently the highest concrete arch dam in the world. Construction began in 1961 and was completed in 1987. The power station has 20 turbines with a total installed capacity of 1 320 MW, generating about 3 800 GWh/year, approximately half of the total electricity supply in Georgia.
- Manuel Moreno Torres (Chicoasén) is a zoned rockfill dam with earth core. It has a crest length of 584 m and creates a reservoir of 1 440 million m³. Construction started in 1975 and was completed in 1980. The power station has eight generation units of 300 MW each.
- Tehri Dam is an embankment dam with a crest length of 575 m. Construction began in 1978 and was completed in 2006. Construction of the dam initiated a vigorous debate about social and environmental concerns. The dam stores some 2 600 million m³ which supplies a power station with an installed capacity of 1 000 MW as well as a 1 000 MW of pumped storage capacity. Water is also supplied for irrigation and municipal water use.

a)   *Dams under construction*

More than half (56%) of the major dams (height > 60 m) currently under construction in the world, have hydropower as part of their purpose, and about a third (30%) have hydropower as their sole or main purpose. The statistics are shown in Figure 2.2, referring to the ICOLD geographical subdivision[3] (source data from Reference 5).

The majority of dams currently under construction for hydropower generation are Rockfill, CFRD or RCC, each making up about 20% of the total.

---

[3] **Africa**: Algeria, Angola, Benin, Botswana, Burkina Faso, Cameroon, Congo, Côte d'Ivoire, Dem. Rep. of Congo, Egypt, Ethiopia, Gabon, Ghana, Guinea, Kenya, Lesotho, Liberia, Libya, Madagascar, Malawi, Mali, Mauritius, Morocco, Mozambique, Namibia, Nigeria, Senegal, Seychelles, Sierra Leone, South Africa, Sudan, Swaziland, Tanzania, Togo, Tunisia, Uganda, Zambia, Zimbabwe;

Asia: Afghanistan, Bangladesh, Brunei, Cambodia, China, India, Iran, Iraq, Japan, Jordan, Kazakhstan, Kyrgyzstan, Laos, Latvia, Lebanon, Malaysia, Myanmar, Nepal, North Korea, Pakistan, Philippines, Saudi Arabia, Singapore, South Korea, Sri Lanka, Syria, Taiwan/China, Tajikistan, Thailand, Uzbekistan, Viet Nam;

Austral-Asia: Australia, Fiji, Indonesia, New Zealand, and Papua-New Guinea;

Europe: Albania, Armenia, Austria, Azerbaijan, Belgium, Bosnia-Herzegovina, Bulgaria, Croatia, Cyprus, Czech Republic, Denmark, Finland, France, Georgia, Germany, Greece, Hungary, Iceland, Ireland, Italy, Lithuania, Luxembourg, Macedonia, Moldova, Netherlands, Norway, Poland, Portugal, Romania, Russian Federation, Slovakia, Slovenia, Spain, Sweden, Switzerland, Turkey, Ukraine, United Kingdom, Yugoslavia;

North America: Antigua, Canada, Cuba, El Salvador, Haiti, Honduras, Jamaica, Mexico, Nicaragua, Trinidad & Tobago, United States;

South America: Argentina, Bolivia, Brazil, Chile, Colombia, Costa Rica, Dominican Republic, Ecuador, Guatemala, Guyana, Panama, Paraguay, Peru, Suriname, Uruguay, and Venezuela

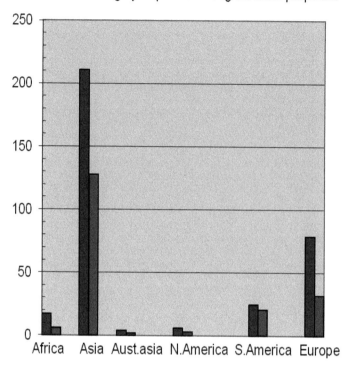

■ Dams - total number

■ Dams having hydropower among the main purposes

Figure 2.2
Grands barrages en construction (H> 60m)

Remarques:

plus de la moitié des barrages donnés pour «l'Asie» sont en Chine et en Iran

plus de la moitié des barrages donnés pour «l'Europe» sont en Turquie

La plupart des barrages en cours de construction pour l'hydroélectricité sont des grands barrages, particulièrement en Chine, comme l'attestent les exemples suivants :

- Le barrage de Jinping-1, est un barrage voûte de 305m de haut avec une longueur en crête de 568m. Il sera le plus grand (plus grande hauteur) barrage du monde. Il créera un réservoir de 7 700 millions de m^3 sur la rivière Yalong et alimentera une usine de 3600 MW.
- Le barrage de Xiloudu, est un barrage voûte double courbure avec une longueur en crête de 700m; il créera un réservoir de 13 000 millions de m^3 sur la rivière Jinsa (affluent supérieur de la rivière Yangtze)
- Le barrage de Nuozhadu est barrage en terre de 261m de haut avec une longueur en crête de 608m, sur la rivière Mékong. Il créera un réservoir de 1 100 millions de m^3 pour alimenter une usine de 5850 MW.
- Le barrage de Laxiwa, est un barrage voûte en béton de 250 m de haut avec une longueur en crête de de 460m, sur le cours supérieur de la rivière Yellow (fleuve Jaune). Il créera un résetvoir de 21 700 millions de m^3 destiné à alimenter une usine de 4200 MW (les 2 premiers générateurs de 700 MW furent mis en service en 2009).

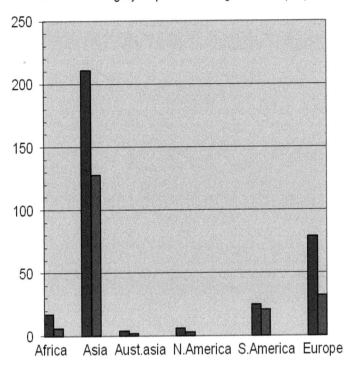

■ Dams - total number

■ Dams having hydropower among the main purposes

Figure 2.2
Major dams under construction (H > 60m)

Notes:
more than half of the dams given for "Asia" are in China + Iran
more than half of the dams given for "Europe" are in Turkey

Many of the dams currently under construction for hydropower are large, particularly in China, as highlighted by the following examples:

- Jinping-1 Dam, a 305 m high concrete arch dam, with a crest length 568 m, will become the highest dam in the world. It will create a reservoir of 7 700 million m³ on the Jinping bend of the Yalong River and supply a 3 600 MW power plant.
- Xiloudu Dam, a 278 m high concrete double curvature arch dam, with a crest length of 700 m, will create a total storage capacity of about 13 000 million m³ on the Jinsha River (upper tributary of the Yangtze River).
- Nuozhadu Dam, a 261 m high embankment dam, with a crest length of 608 m, on the Mekong River, will create a reservoir of about 1 100 million m³, to support a 5 850 MW power plant.
- Laxiwa Dam, a 250 m high concrete arch dam, with a crest length of 460 m, on the upper Yellow River, will create a reservoir of about 21 700 million m³, to supply a 4 200 MW power plant (the first two generators, 700 MW each, were commissioned in 2009).

Les très grands (hauts) barrages en construction dans les autres parties du monde sont les suivants :

- Le barrage de Kambaratinsk sera un barrage en remblai de 275 m de haut sur la rivière Naryn dans le Krrgystan central; il alimentera une usine de 2000 MW.
- Le barrage de Deriner, sera une voûte double courbure en béton de 249 m de haut et une longueur en crête de 720m. Il est situé sur la rivière Coruh en Turquie. L'épaisseur du barrage varie de 1m en crête à 60m à la base. Il créera un réservoir d'environ 2000 millions de m³ et alimentera une usine de 670 MW.
- Le barrage de Gilgel Gibe III est un barrage en béton compacté au rouleau de 243 m de hauteur sur la rivière Omo en Ethiopie. Il alimentera une usine de 1870 MW. Il fait partie de la série des barrages sur la rivière Gibe qui comprend le barrage de Gibe I existant, l'usine de Gibe II et prochainement les barrages de Gibe IV et V.

2.2. USINE HYDROÉLECTRIQUE CONVENTIONNELLE

Environ 900 GW d'hydroélectricité sont en cours de réalisation dans le monde. Le Tableau 2.2 ci-après liste les plus grandes usines hydroélectriques actuellement en service.

Tableau 2.2

Barrage	Pays	Année d'achèvement	Capacité (MW)
Three Gorges	Chine	2009	22 500
Itaipu	Brésil/Paraguay	1984–2007	14 000
Guri	Venezuela	1986	10 200
Tucuruí	Brésil	1984/2006	8 370
Grand Coulee	USA	1942/1980	6 809
Sayano Shushenskaya	Russie	1985/1989	6 400
Longtan	Chine	2009	6 300
Krasnoyarskaya	Russie	1972	6 000
Robert-Bourassa	Canada	1981	5 616
Churchill Falls	Canada	1971	5 429
Bratskaya	Russie	1967	4 500
Ust Ilimskaya	Russie	1980	4 320
Xiaowan	Chine	2010	4 200
Laxiwa	Chine	2011	4 200
Yaciretá	Argentine/Paraguay	1998	4 050
Tarbela	Pakistan	1976	3 478
Ertan	Chine	2000	3 300
Pubugou	Chine	2011	3 300
Ilha Solteira	Brésil	1969/1974	3 444
Xingó	Brésil	1994/1997	3 162
Gezhouba	Chine	1988	3 115
Nurek	Tajikistan	1979/1988	3 000

Very high hydropower dams under construction in other parts of the world are as follows:

- Kambaratinsk dam will be a 275 m high embankment dam on the Naryn River in central Kyrgyzstan, that will supply a 2 000 MW power plant.
- Deriner dam will be a 249 m high double curvature concrete arch dam with a crest length of 720m. It is on the Coruh River in Turkey. The dam thickness varies from only 1 m at the crest to 60 m at the base. It will form a reservoir of about 2 000 million m^3 and supply a 670 MW power plant.
- Gilgel Gibe III dam, a 243 m high roller-compacted concrete dam, on the Omo River in Ethiopia, with an associated 1 870 MW power plant (the largest hydroelectric plant in Africa once completed). It's a part of the Gibe cascade, including the existing Gibe I dam and Gibe II power plant as well as the planned Gibe IV and Gibe V dams.

2.2. CONVENTIONAL HYDROPOWER PLANTS

About 900 GW of hydropower are currently installed in the world. The following Table 2.2 lists the largest hydroelectric plants currently in operation.

Table 2.2

Dam name	Country	Year of completion	Capacity (MW)
Three Gorges	China	2009	22 500
Itaipu	Brazil/Paraguay	1984-2007	14 000
Guri	Venezuela	1986	10 200
Tucuruí	Brazil	1984/2006	8 370
Grand Coulee	USA	1942/1980	6 809
Sayano Shushenskaya	Russia	1985/1989	6 400
Longtan	China	2009	6 300
Krasnoyarskaya	Russia	1972	6 000
Robert-Bourassa	Canada	1981	5 616
Churchill Falls	Canada	1971	5 429
Bratskaya	Russia	1967	4 500
Ust Ilimskaya	Russia	1980	4 320
Xiaowan	China	2010	4 200
Laxiwa	China	2011	4 200
Yaciretá	Argentina/Paraguay	1998	4 050
Tarbela	Pakistan	1976	3 478
Ertan	China	2000	3 300
Pubugou	China	2011	3 300
Ilha Solteira	Brazil	1969/1974	3 444
Xingó	Brazil	1994/1997	3 162
Gezhouba	China	1988	3 115
Nurek	Tajikistan	1979/1988	3 000

On trouvera ci-après quelques données supplémentaires sur les plus grandes centrales hydroélectriques du monde.

- Le projet des **Trois Gorges** est la plus grande centrale hydroélectrique au monde en termes de puissance installée. Il exploite le fleuve Yangtsé avec un bassin versant de 1 million de km^2 et un ruissellement annuel moyen de 450 000 millions de m^3. Le barrage est un barrage en béton de gravité de 181 m de haut avec une longueur de crête de 2 300 m. Il crée un réservoir d'environ 40 000 millions de m^3, dont 22 000 millions sont réservés au contrôle des inondations. La construction a commencé en 1993 et a duré 17 ans. Outre la production d'électricité, le contrôle des inondations et l'amélioration de la navigation sont deux avantages fondamentaux du projet. Quinze millions d'habitants et 1,5 million d'hectares de terres agricoles sont maintenant protégés des inondations, ce qui fait passer la fréquence des inondations de moins de 10 ans à environ 100 ans. Environ 660 km de voies navigables ont été améliorés pour permettre la navigation de flottes de 10 000 tonnes entre Shanghai et Chongqing. La capacité installée est réalisée par 32 unités de 700 MW chacune (et deux groupes électrogènes plus petits, 50 MW chacun). La production annuelle est d'environ 85 TWh (données 2010). En 2012, la dernière turbine a été connectée au réseau du pays.
- **Itaipu** est actuellement la plus grande centrale au monde en termes de production annuelle d'énergie, générant plus de 90 TWh / an. Son importance régionale a été soulignée par une interruption survenue en 2009, lorsque les lignes de transport ont été perturbées par une tempête, entraînant de graves pannes de courant, occultant tout le pays du Paraguay pendant 15 minutes et plongeant Rio de Janeiro et São Paulo dans l'obscurité pendant plus de 2 heures. Le barrage, de 196 mètres de haut et de près de 8 km de long, est composé de cinq types de barrages : des barrages en terre sur les ailes, un barrage en enrochement sur la rive gauche, un barrage en béton sur les rives à droite et à gauche, un bassin de gravité creux en béton barrage dans le lit de la rivière et un barrage en béton dans le canal de dérivation. Le réservoir couvre une superficie de 1 350 km^2 avec une capacité de stockage de 29 000 millions de m^3.
- **Tucuruí** est situé dans la forêt amazonienne brésilienne, dans l'État du Pará. Ses principaux objectifs sont la production d'hydroélectricité et la navigation. Le barrage principal dans le lit de la rivière est un barrage en terre et enrochement de 95 m de haut, long de 6,46 km. Le déversoir à benne basculante, équipé de 23 portes radiales, a une capacité de refoulement de 110 000 m^3 / s. Le mur comprend deux serrures de navigation, chacune de 210 m de long et 33 m de large. Le réservoir a une capacité totale de 50 000 millions de m^3. La centrale hydroélectrique abrite 25 unités de production d'une capacité de production de 40 TWh / an d'une puissance installée de 8 370 MW.
- **Guri** est situé dans l'État de Bolívar, au Venezuela. Le barrage est un barrage composite comprenant une section de gravité en béton et une section de remblai. Le mur mesure 162 m de haut et 7,4 km de long. Le barrage a été construit en deux étapes. La première étape a été construite de 1963 à 1978 avec une hauteur de paroi maximale de 106 m. La deuxième phase de construction, achevée en 1986, a élevé le mur à sa hauteur finale. Un projet de rénovation en cours, démarré en 2000, prolongera la durée de vie de la centrale de 30 ans. La génération annuelle est supérieure à 50 TWh. Le réservoir a une capacité d'environ 138 milliards de m^3, réservée à l'atténuation des inondations.
- **Grand Coulee** est situé dans l'état de Washington, États-Unis. Ses principaux objectifs sont la production d'hydroélectricité et l'irrigation. Construit entre 1933 et 1942, à l'origine avec 2 centrales. Le barrage de Grand Coulee fournit aujourd'hui 4 centrales comprenant 33 générateurs hydroélectriques. C'est la plus grande centrale électrique aux États-Unis. La génération annuelle est d'environ 25 TWh. Le barrage est un barrage gravitaire de 168 m de haut et 1 592 m de long. La capacité du réservoir est d'environ 12 000 millions de m^3. En tant que pièce maîtresse du projet du bassin du Columbia, le réservoir fournit de l'eau pour l'irrigation de 2 700 km^2.

a)   *Aménagements hydroélectriques en construction*

Plus de 150 GW d'énergie hydroélectrique sont actuellement en construction dans le monde, la plupart en Asie. Certains très gros projets en cours de construction sont énumérés dans le Tableau 2.3 suivant.

Some additional data for the largest hydropower plants in the world follows.

- **Three Gorges Project** is the world's largest hydroelectric plant in terms of installed power capacity. It harnesses the Yangtze River with a drainage area of 1 million km² and an average annual runoff of 450 000 million m³. The dam is a concrete gravity dam 181 m high with a crest length of 2 300 m. It creates a reservoir of about 40 000 million m³ of which 22 000 million m³ is reserved for flood control. Construction started in 1993 and spanned 17 years. In addition to power generation, flood control and navigation improvement are two fundamental benefits of the project. Fifteen million people and 1.5 million hectares of farmland are now protected from floods, decreasing the flood frequency from under 10 years to about 100 years. Some 660 km of navigable waterways have been improved to allow navigation of 10 000-ton fleets between Shanghai and Chongqing. The installed capacity is achieved by 32 units of 700 MW each (and two smaller generators, 50 MW each). The annual generation is about 85 TWh (2010 data). In 2012 the last turbine has been connected to the country's grid.
- **Itaipu** is currently the world's largest plant in terms of annual energy generation, generating more than 90 TWh/year. Its regional importance was emphasized by an interruption that occurred in 2009, when transmission lines were disrupted by a storm, causing massive power outages, blacking out the entire country of Paraguay for 15 minutes and plunging Rio de Janeiro and São Paulo into darkness for more than 2 hours. The dam, 196 metres high and almost 8 km long, is composed by five types of dams: earthfill dams on the wings, a rockfill dam on the left bank, a concrete buttress dam on the right and left banks, a concrete hollow gravity main dam in the riverbed and a concrete gravity dam in the diversion channel. The reservoir covers an area of 1 350 km² with a storage capacity of 29 000 million m³.
- **Tucuruí** is located in the Brazilian Amazon rainforest, in the State of Pará. Its main purposes are hydroelectricity production and navigation. The main dam in the riverbed is a 95 m high earth-rockfill dam, 6.46 km long. The flip-bucket spillway, equipped with 23 radial gates, has a discharge capacity of 110 000 m³/s. The wall incorporates two navigation locks, each 210 m long and 33 m wide. The reservoir has a total capacity of 50 000 million m³. The hydropower station houses 25 generation units to produce 40 TWh/year with an installed capacity of 8 370 MW.
- **Guri** is located in Bolívar State, in Venezuela. The dam is a composite dam comprising a concrete gravity section and embankment section. The wall is 162 m high and 7.4 km long. The dam was constructed in two stages. Stage one was constructed from 1963 to 1978 with a maximum wall height of 106 m. The second construction stage, concluded in 1986, raised the wall to its final height. An on-going refurbishment project, started in year 2000, will extend the operating life of the power plant by 30 years. The annual generation is more than 50 TWh. The reservoir has a capacity of about 138 000 million m³, reserved for flood attenuation purposes.
- **Grand Coulee** is located in the state of Washington, USA. Its main purposes are hydroelectricity production and irrigation. Constructed between 1933 and 1942, originally with 2 power plants. Grand Coulee Dam today supplies 4 power houses comprising 33 hydroelectric generators. It is the largest power plant in the USA. The annual generation is about 25 TWh. The dam is a gravity dam 168 m high and 1 592 m long. The reservoir capacity is about 12 000 million m³. As the centre-piece of the Columbia Basin Project, the reservoir supplies water for the irrigation of 2 700 km².

a) *Hydropower plants under construction*

Over 150 GW of hydropower are currently under construction in the world, most of them in Asia. Some very large schemes currently under construction are listed in the next Table 2.3.

Tableau 2.3

Barrage	Pays	Capacité (MW)	Début de la construction	Achèvement prévu
Xiluodu	Chine	13 860	2005	2017
Belo Monte	Brésil	11 233	2011	2015
Xiangjiaba	Chine	6 400	2006	2015
Nuozhadu	Chine	5 850	2006	2017
Jinping 2	Chine	4 800	2007	2014
Jirau	Brésil	3 750	2009	2015
Jinping 1	Chine	3 600	2005	2014
S. Antônio	Brésil	3 150	2008	2015
Boguchanskaya	Russie	3 000	1980	2013

Les données du Tableau montrent le rôle majeur joué par la Chine et le Brésil. La plupart des plus grandes centrales hydroélectriques actuellement en construction se trouvent en Chine.

La centrale de Xiloudu, la plus grande centrale hydroélectrique actuellement en construction dans le monde, contrôlera les eaux de ruissellement de la rivière Jinsha, dont le bassin versant mesure 0,45 million de km². Le barrage aura de nombreux avantages accessoires, notamment la rétention des sédiments, le contrôle des inondations, une navigation améliorée et certaines améliorations écologiques.

2.3. STATION DE TRANSFERT D'ÉNERGIE PAR POMPAGE

Les installations de stockage à pompe servent à répondre aux pics de demande d'électricité (voir paragraphe 3.1) en libérant l'énergie accumulée pendant les périodes creuses. Bien qu'ils soient des consommateurs nets d'énergie, ils permettent d'accumuler de l'énergie bon marché, en période de surplus, pour la libérer en période de pointe lorsque l'énergie est chère. Une telle utilisation est rentable dans les systèmes dotés d'une capacité de production inflexible comme le nucléaire et le thermique. Le stockage par pompage est également utile pour réguler l'approvisionnement en énergie à partir de sources renouvelables qui ne génèrent pas nécessairement d'énergie lorsque cela est nécessaire, telles que les centrales éoliennes et solaires. Elles présentent certaines caractéristiques techniques distinctives par rapport aux centrales hydroélectriques classiques, notamment :

- Plus grande puissance fournie par des réservoirs relativement plus petits,
- Pas besoin d'apport naturel dans les réservoirs;
- Les contraintes hydrologiques et topographiques sont minimales;
- Moins d'impact sur les écosystèmes environnants.

Le Tableau 2.4 ci-après liste les plus importantes STEP actuellement en opération.

Tableau 2.4

Centrale	Pays	Capacité (MW)
Bath County	USA	3 000
Guangzhou (ou Guangdong)	Chine	2 400
Huizhou	Chine	2 400
Okutataragi	Japon	1 932
Ludington	USA	1 872
Tianhuangping	Chine	1 836

Table 2.3

Dam	Country	Capacity (MW)	Construction start	Scheduled completion
Xiluodu	China	13 860	2005	2017
Belo Monte	Brazil	11 233	2011	2015
Xiangjiaba	China	6 400	2006	2015
Nuozhadu	China	5 850	2006	2017
Jinping 2	China	4 800	2007	2014
Jirau	Brazil	3 750	2009	2015
Jinping 1	China	3 600	2005	2014
S. Antônio	Brazil	3 150	2008	2015
Boguchanskaya	Russia	3 000	1980	2013

The data in the Table shows the major role played by China and Brazil. Most of the largest hydropower plants currently under construction are in China.

The Xiloudu plant, the largest hydropower plant currently under construction in the world, will control runoff from the Jinsha River which has a drainage area of 0.45 million km². The dam will have many ancillary benefits including sediment retention, flood control, improved navigation and some ecological improvements.

2.3. PUMPED STORAGE POWER PLANTS

Pumped-storage plants, serve to supply peaks in electricity demand (see paragraph 3.1), by releasing energy accumulated during off-peak periods. Although they are net consumers of energy they allow accumulation of cheap energy, at times of surplus, for release at times of peak demand when energy is expensive. Such use is cost effective in systems with considerable inflexible generation capability such as nuclear and thermal. Pumped storage is also useful to regulate energy supply from renewable sources that do not necessarily generate power when it is needed, such as wind and solar plants. They have some distinctive technical features when compared with conventional hydropower plants including:

- greater power output from comparatively smaller reservoirs;
- no need of natural inflow to the reservoirs;
- considerably fewer hydrological and topographical restrictions;
- comparatively less impact on the surrounding ecosystems.

The following Table 2.4 lists some of the largest pumped-storage plants currently in operation.

Table 2.4

Plant	Country	Capacity (MW)
Bath County	USA	3 000
Guangzhou (ou Guangdong)	China	2 400
Huizhou	China	2 400
Okutataragi	Japan	1 932
Ludington	USA	1 872
Tianhuangping	China	1 836

Liste des plus STEP le plus puissantes actuellement en service (Tableau 2.5):

Tableau 2.5

Kannagawa	Japon	2 820
Dniester	Ukraine	2 268
Ingula	Afrique du Sud	1 332

La majorité des STEP actuellement en service sont équipées de générateurs-moteurs synchrones tournant à la même vitesse constante en turbine et en pompe. Le développement de la technologie à vitesse variable permet maintenant de faire tourner les machines à vitesse variable dans une plage de +/- plusieurs % de la vitesse de synchronisme. Cette technologie permet donc de faire du contrôle de fréquence en turbine et en pompe, d'améliorer le rendement en turbine, de disposer d'une plus grande plage d'utilisation des machines et enfin de pouvoir s'adapter rapidement aux variations du réseau.

De nouveaux développements font évoluer la technologie des STEP; dans un futur proche, les innovations suivantes sont attendues :

- Des machines à deux étages réglables permettant d'exploiter au-delà des limites de la hauteur de chute maximale.
- Réduction du coût des machine à vitesse variable,
- STEP souterraine avec des réservoirs souterrains,
- STEP marine.

Également, l'idée de développer des STEP offshore fonctionnant entre le niveau de la mer et celui d'un atoll artificiel situé à un niveau plus haut en pleine mer ou sur la cote, a été proposée.

Quelques exemples de STEP marine et souterraine :

a)   STEP marine

Aujourd'hui, les sites propices à l'installation d'une STEP marine sont de plus en plus rares; il résulte de ce constat des recherches pour trouver de nouvelles solutions innovantes. Par exemple, l'utilisation de la mer comme réservoir inférieur de la STEP; cette solution a été mis en œuvre avec succès au Japon.

Après les phases de R&D, de recherche de sites et des études d'ingénieries, un projet pilote de 30MW a été construit à Kunigama (Préfecture d'Okinawa). Situé en bord de mer à 600m du rivage, le réservoir supérieur de forme octogonal a une profondeur de 25m et une capacité de 0,60 millions de m^3. La hauteur de chute nette de l'installation est de 136 m; les caractéristiques principales sont en Figure 2.3.

Plusieurs difficultés techniques et économiques doivent être résolues, dont le financement qui doit inclure non seulement les coûts d'investissement mais également ceux de maintenance courante. Des solutions techniques spécifiques ont été adoptées, dont celles citées ci-après :

- Utilisation d'un acier inoxydable "austénitique", un revêtement anticorrosion et une protection cathodique comme dispositifs de protection contre la corrosion,
- En l'absence d'eau naturelle en quantité suffisante, installer un système de refroidissement fonctionnant en circuit fermé et disposant d'un échangeur avec l'eau de mer,
- Protéger les circuits hydrauliques à l'aide d'un revêtement anti-algues et mollusques,

Some very large pumped-storage plants currently under construction include the following (Table 2.5):

Table 2.5

Kannagawa	Japan	2 820
Dniester	Ukraine	2 268
Ingula	South Africa	1 332

Most pumped-storage plants currently in operation use synchronous generator-motors with constant operating speed, both in generating and pumping modes. Variable-speed technology has now been developed to allow operation of machines at variable speeds within a range of plus/minus several percent of synchronous speed, offering several technical advantages. Advantages include frequency control in pumping as well as in generating modes, improved efficiency in turbine operation, a greater operable load range, and very rapid response to load fluctuations in a network.

Various new developments are continuously evolving. In the near future the following innovations are anticipated:

- Two stage pump-turbines to operate beyond the current limits of maximum operating head.
- Reduction of the cost of adjustable speed units.
- Underground pumped storage, using underground caverns as the reservoirs.
- Seawater pumped storage plants.

Also, the idea of offshore pumped storage plants, pumping between the sea and artificial sea water atolls at higher level, fully offshore or along the shore, has been proposed.

Interesting examples of pumped storage plants using seawater and/or underground storage follow.

a)   *Seawater pumped storage plants*

Currently undeveloped sites that are suitable for the construction of hydropower plants are becoming increasingly difficult to find. As a result, there is on-going research into new development options. One such project is that of a seawater pumped storage plant using the sea as the lower reservoir. Such a pilot plant was successfully constructed in Japan (See Reference 8 for details).

After basic research, site investigations and engineering studies, a 30 MW pilot test plant was constructed at Kunigami (Okinawa Prefecture). The octagonal upper reservoir, located nearly 600 m inland from the coast, is 25 m deep and has a capacity of 0.60 million m^3. The effective head of the plant is 136 m. Some features of the plant are shown in Figure 2.3.

Several technical and financial issues needed to be addressed. Financial issues included both construction cost considerations and on-going maintenance costs. Several technical solutions were introduced, some of which are listed below:

- Use of austenitic stainless steels, anticorrosive painting and cathodic protection to address corrosion problems.
- A closed-circuit cooling system. As it is not possible to secure large quantities of freshwater as a coolant for the machinery, freshwater is circulated in a closed system. The freshwater in the closed system is cooled in a heat exchanger using seawater.
- Countermeasures had to be developed to discourage the adhesion of marine organisms inside the waterways.

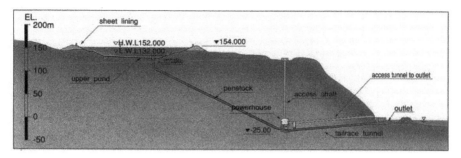

Figure 2.3
Installations de stockage pompées par l'eau de mer Kunigami

- Installer un système de drainage et de collecte derrière le revêtement étanche de la cuvette supérieure pour éviter de polluer le sol avec de l'eau de mer,
- Installer des brise-vagues et des dispositifs anti-houle pour limiter les effets de contre pression dus aux variations du niveau de la mer,
- Clôturer l'installation et installer des passages pour les animaux,

La construction débuta en 1990 et la STEP de Kunigama fut mise en service en 1999. L'auscultation et les inspections périodiques confirment que l'installation fonctionne de façon satisfaisante et que l'eau de mer n'a pas créé de sérieux problèmes. Cette STEP marine pilote a permis de confirmer le concept et les solutions adoptées; elle constitue un REX pertinent et utile pour de futures projets de STEP marine.

b)   STEP souterraines

Un réservoir souterrain fut construit en Autriche en 2006 pour augmenter la capacité de stockage de la STEP de Nassfeld (cf. Référence 9). Le nouveau réservoir souterrain augmenta la capacité de stockage journalière du réservoir de surface de cette installation construite de 1980 à 1982, d'environ 230 000 m³. Le nouveau réservoir est composé d'un réseau de cavernes d'une longueur globale de presque 2 000m.

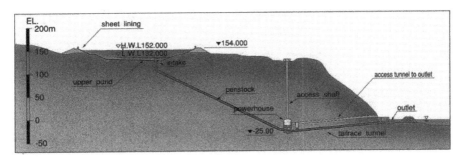

Figure 2.3
Kunigami seawater pumped storage plants

- The upper reservoir was fully lined using a rubber membrane. Drains under the membrane serve to collect and discharge any possible leakage, to prevent infiltration of salty water into the ground.
- Wave dissipating concrete blocks had to be placed around the sea outlet, to reduce wave-induced pressure fluctuations in the water conduits.
- The works had to be fenced to keep animals out. Inclined escape routes had to be provided to allow trapped animals easy escape from the fenced in areas.

Construction started in 1990 and the plant was commissioned in 1999. Ongoing monitoring and periodic inspections of the plant have confirmed that the plant is operating satisfactorily and that the saltwater has not created any serious problems. The pilot plant served to confirm the validity of the adopted solutions and provides valuable precedents for future seawater pumped storage plants.

b)   Underground pumped storage plants

An underground reservoir was constructed in Austria in 2006, to increase the operating storage for the existing Nassfeld pumped storage power station (See Reference 9 for details). The new underground reservoir extended the effective storage volume of the above ground Nassfeld daily reservoir, built in 1980-82, from 56 000 m³ to about 230 000 m³. The new reservoir comprises a network of underground caverns with a combined length of almost 2 000 m.

Plusieurs solutions furent étudiées avant d'adopter le concept de stockage souterrain. Des solutions conventionnelles combinant un réservoir indépendant à l'air libre relié par des adductions furent étudiées. La proximité d'un parc national et d'un couloir d'avalanches rendirent difficiles la construction d'un réservoir de surface au sein de cette zone protégée; il en résulta que la solution originale d'une caverne souterraine fut finalement retenue.

La longue tradition minière de cette région d'Autriche constitue un riche retour d'expérience dans les domaines de la géologie et de la géotechnique appliqués aux constructions. La condition déterminante fut de localiser des filons imperméables au sein du massif; ainsi, il fut montré que ces conditions favorables étaient réunies pour la construction d'une caverne souterraine

Le nouveau réservoir souterrain est adjacent au réservoir de surface existant et les deux ouvrages sont connectés par un tunnel en forme de fer à cheval comme montré en Figure 2.4. Les 4 galeries implantées radialement ont une longueur de 300m et sont reliées par 3 galeries, comme montré en Figure 2.4. Les dimensions types des cavernes sont : Hauteur = 7,5 m et largeur 15 m.

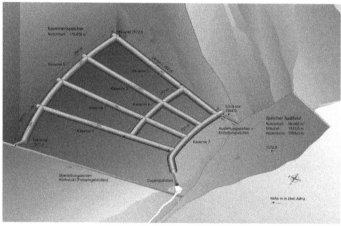

Final cavern solution

Construction of the storage caverns

The only remaining visible cavern structure: the access tunnel portal

Figure 2.4
Stockage souterrain - Installations de stockage à pompage de Nassfeld

Several alternative solutions were studied before adopting the underground cavern solution. Some more conventional options to build a new off-stream reservoir, connected to the existing reservoir by waterways, were also studied. Difficulties associated with building a new surface reservoir in a conservation area, in close proximity to a National Park core zone, as well as operating restrictions resulting from avalanche hazards all made implementation of a conventional solution impossible. As a result, the unconventional solution comprising an additional underground storage cavern was finally selected.

The long mining tradition in the region, served to provide extensive documentation of the geological and geo-mechanical features of the area. A crucial consideration was the expectation that impermeable zones could be anticipated over large areas. Favourable conditions therefore existed for the construction of the underground cavern.

The new underground reservoir is adjacent to the existing above-ground daily reservoir, and the two are connected by a horseshoe-shaped tunnel as shown in Figure 2.4. The four, radially arranged, main caverns, each about 300 m long are interconnected by three transverse caverns, as shown in Figure 2.4. The typical height and width of the caverns are approximately 7.5 m and 15 m.

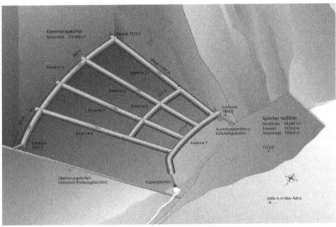

Final cavern solution

Construction of the storage caverns

The only remaining visible cavern structure:
the access tunnel portal

Figure 2.4
Underground storage - Nassfeld pumped storage plants

La durée totale de construction fut de 6 mois; le remplissage ayant eu lieu en novembre 2006. L'inspection de la première caverne se déroula en mai 2008; quelques détériorations (max 3m^3) furent constatées en 3 endroits, mais elles sont sans impact sur le fonctionnement de l'installation

Le nouveau réservoir souterrain correspond aux attentes d la direction de la STEP de Nassfeld et de celle des mouvements d'énergie; il n'a pas d'impact sur la zone protégée proche. La seule marque visible du nouveau réservoir est la porte de la galerie d'accès. Cet ouvrage est un bon exemple combinant les contraintes économiques et les exigences environnementales; cet exemple de solution de compromis devra être généralisé dans le futur.

The total construction time was about 6 months, and the operation of the underground reservoir started in November 2006. The first cavern inspection took place in May 2008. Local collapses of up to about 3 m³ were noted in three places. These local failures do not impact on operation in any way.

The new underground storage meets all the needs of the power station management and power traders and has no impact on nature conservation interests in the area. The only visible evidence of the existence of the reservoir is the access portal. This is a very good example of finding an appropriate balance between commercial needs and environmental requirements. More such trade-off solutions will have to be found in the future.

3. LES FONDAMENTAUX DE LA PRODUCTION HYDROÉLECTRIQUE

Après plus d'un siècle de construction et d'exploitation des aménagements hydroélectriques, les avantages et inconvénients de l'hydroélectricité sont connus de tous et partagés. Les avantages remportent tous les suffrages alors que les inconvénients sont quelques fois exagérés; cette situation est aussi exploitée par certains mais avec des objectifs différents.

Une présentation exhaustive des avantages et inconvénients de l'hydroélectricité est proposée en Référence 10.

Un large inventaire des sources d'énergie renouvelable et des technologies associées, leurs coûts et bénéfices ainsi que leur rôle potentiel est proposé en Référence 53.

3.1. SERVICES AUXILLIAIRES

Jusqu'à aujourd'hui la majorité des projets hydroélectriques ont été construits pour fournir de l'énergie de base aux réseaux électriques. Cependant, avec l'arrivée de moyens de production moins souples (nucléaire et thermique à flamme) et ceux qui ont une production fatale (éolien et solaire), l'hydroélectricité est de plus en plus reconnue pour sa capacité à répondre de façon fiable et rapide aux fluctuations de la demande et de la production. Les installations hydroélectriques conventionnelles peuvent être exploitées avec des facteurs de charge bas, conservant ainsi l'eau dans le réservoir lorsque la production est excédentaire sur la demande. Ce constat conduit à considérer qu'il est théoriquement possible de fournir avec le même volume stocké dans le réservoir, plus de puissance pendant une durée plus courte; néanmoins, les caractéristiques des machines installées constituent le facteur limitant à cette approche théorique. Les STEP (station de transfert d'énergie par pompage), the bénéfice propre à l'hydroélectricité est valorisé, car elles permettent de stocker le "surplus" d'énergie produite disponible en périodes de basse demande et de la restituer très rapidement lorsque la demande augmente. Cette technologie de transfert d'énergie permet d'optimiser la production d'énergie de base produite dans les centrales nucléaires, thermiques et géothermiques, en leur permettant de fonctionner à charge constante et au meilleur rendement; de plus, elle permet aussi de compenser la production plus aléatoire des énergies renouvelables comme l'éolien et le solaire.

Les usines thermiques ont besoin de beaucoup d'énergie et de temps pour démarrer et être disponible sur le réseau; de trop fréquents cycles de démarrage et d'arrêt réduisent significativement leur durée de vie. De plus, l'inertie des chaudières font que les usines thermiques à flamme s'adaptent mal aux variations de charges. Les centrales au gaz ont la meilleure flexibilité pour les cycles de démarrage et d'arrêt et s'adaptent bien aux variations de charge; cependant, leur faible stabilité sous la charge (habituellement 60% à pleine charge pour les machines à cycle ouvert et 25% pour les cycles combinés), limite la capacité de régulation à un maximum de 75% de leur puissance garantie.

De ce fait, les installations hydroélectriques restent les plus adaptées car les plus flexible vis à vis des variations de charges du réseau. Les usines hydroélectriques sont utilisées pour la réserve primaire, secondaire et à la minute (réf. Ci-dessous : services auxilliaires). Leur temps de réponses aux variations de charge est rapide, la charge minimale est basse, souvent inférieure à 2% de la puissance installée sans coût de carburant. Ainsi, les installations hydroélectriques sont les outils les plus adaptés pour répondre aux variations de charge du réseau (écart entre la demande et la production), soit lors des pics de consommation, soit en cas de panne d'un important moyen de production.

En complément de tous les services déjà décrits, l'hydroélectricité peut fournir des services capables de contribuer à la stabilité électrique du réseau de transport, comme par exemple :

- Réserve tournante qui est la capacité de fonctionner à charge nulle tout en étant synchronisé avec le réseau. Quand la demande augmente, alors la machine peut progressivement prendre de la charge pour fournir la demande,

3. KEY FEATURES OF HYDROELECTRICITY PRODUCTION

After more than a century of building and operating hydropower plants, there is a good understanding of both their benefits and disadvantages. The benefits are usually quietly accepted while the disadvantages are sometimes over-emphasized or publicised. At times such publicity is used to further the interests of other parties with different agendas.

A detailed presentation on the advantages and disadvantages of hydropower can be found in Reference 10.

A very comprehensive review concerning renewable energy sources and technologies, their relevant costs and benefits, and their potential role is given in Reference 53.

3.1. ANCILLARY SERVICES

To date most hydropower projects have been built to provide primary "base load" power generation into a power grid. However, as other less flexible (thermal and nuclear) and/or less predictable (solar and wind) generation technologies are introduced, hydro power production is increasingly being recognised for its ability to respond quickly to gaps between system demand and supply. Conventional hydro plants can be operated with lower load factors, thus preserving water in storage while there is surplus energy in the system. Such operation makes it theoretically possible to generate more power over shorter periods using the same volume of water stored. Often this benefit cannot be fully realised as the installed capacity of turbines become the limiting factor. In pumped storage plants this inherent benefit of hydro power is further enhanced as the power station stores surplus electrical energy available in a system during periods of low demand as potential energy which can then be made immediately available when the demand rises. This allows the optimization of base load generation from less flexible sources such as nuclear, thermal and geothermal plants, which can then continue to operate at constant levels at their best efficiency. It also facilitates stochastic power inputs from less predictable, renewable sources such as solar and wind power.

Thermal power plants require substantial amounts of energy and time for each start-up. Frequent start-ups and shutdowns may also significantly reduce the service life of such plant. Furthermore, the regulation velocity of thermal plants is limited, due to their high thermal inertia. Gas fired thermal plants have the highest level of flexibility for start-up and shutdown and allow relatively rapid power variations. However, their minimum stable load (usually about 60% of full load, for open cycle plants and 25% for combined cycle plants) limits their regulation capacity to max 75% of rated power.

Hydro plants therefore remain as the most flexible plants for performing continuous and rapid start-ups and shutdowns. Hydro power plants reliably serve for primary, secondary and minute reserve (refer to ancillary services below). Their load variation speed is very high, the minimum load is low, often less than 2% of the installed power, and there is no fuel cost. Hydro plant is therefore the most flexible option to respond to gaps between supply and demand, meeting sudden fluctuations due to peak demand or loss of other power supply options.

In addition to the basic benefits described in the foregoing, hydropower can provide ancillary services to assist in assuring the stability of an electrical system. These services include:

- Spinning reserve, which is the ability to run at a zero load while synchronized to the electric system. When demand increases additional power can be loaded rapidly into the system to meet demand.

- Réserve non tournante qui est la capacité de prendre de la charge depuis une source qui n'est pas connectée. D'autre moyen de production peut fournir ce service, mais la capacité de réaction de l'hydroélectricité est sans concurrence,
- La régulation de fréquence traduit la capacité de s'adapter en permanence aux variations des constantes du réseau. Quand un système électrique est incapable de réagir de façon adéquate aux variations de charge, sa fréquence change, résultant non seulement d'une perte de puissance mais aussi de sévères dommages sur les protections des installations.
- La régulation de tension (ou renvoi de tension), qui est la capacité de contrôler la puissance réactive du réseau et de fait permettre que la puissance de la machine soit absorbée par le réseau,
- Le démarrage en isolé, traduit la capacité de produire de l'énergie sans recourir à une source externe. Cette fonctionnalité permet de fournir de la puissance auxiliaire à d'autres moyens de production dont le délai de redémarrage est long après un déclenchement.

Évidemment, la capacité de l'hydroélectricité de fournir tous ou quelques-uns des services auxiliaires dépend du modèle de machine installée. Plus encore, la panoplie de services auxiliaires décrite ci-dessus n'est possible qu'avec des installations disposant des bassins de compensation.

Les installations hydroélectriques fonctionnant au fil de l'eau, avec une faible ou en l'absence capacité de régulation, contribuent à la fourniture d'énergie de base, offrant ainsi peu des services auxiliaires cités. Cependant de récents développements montrent qu'il est possible de recourir aux installations fonctionnant au fil de l'eau pour fournir des services auxiliaires en les dotant d'un système de contrôle commande combinant plusieurs usines en série sur une même rivière (cascade), en une seule usine virtuelle (cf. Référence 13).

Les STEP sont particulièrement bien adaptées pour piloter les courtes pointes de demande et assurer une réserve de puissance en cas de besoin urgent. Elles ont aussi un intérêt significatif sur le plan environnemental, car elles évitent de maintenir des centrales thermiques en fonctionnement à faible charge comme réserve de puissance; cette dernière solution conduisant à augmenter la consommation de combustible et l'émission de gaz à effet de serre.

Les STEP peuvent également consommer des excès de production, lissant ainsi la charge des moyens de production de base. De ce fait, elles peuvent compenser les variations des sources d'énergie renouvelables fatales comme l'éolien et le solaire.

Un court mais intéressant exemple d'un système intégrant l'éolien et l'hydraulique est un projet en développement dans l'archipel des Caraïbes. Ce projet permettra à l'iles de El Hierro (268 km², 10 000 habitants) d'être totalement auto suffisant en énergie en utilisant uniquement des énergies renouvelables. Le fort potentiel éolien du site sera exploité au maximum pour produire 11,50 MW; l'énergie électrique produite par les champs d'éoliennes sera utilisée pour pomper de l'eau sous 682 m de hauteur dans un réservoir supérieur et ensuite être turbinée à la demande. Ainsi, l'énergie électrique sera délivrée sur le réseau par l'usine hydroélectrique. Les éventuels surplus d'énergie produits par les fermes éoliennes serviront pour une usine de désalinisation de l'eau de mer et ainsi fournir de l'eau potable. Le projet remplacera l'actuel centrale thermique qui deviendra une source de secours. On considère que ce type de projet pourrait être développé sur 1 000 iles dans le monde.

3.2. COÛTS

a) Coûts d'investissement et d'exploitation

Les usines hydroélectriques convertissent l'énergie potentielle et cinétique de l'eau directement en électricité via un procédé très performant. Les installations modernes peuvent avoir des rendements de l'ordre ou supérieurs à 95%, alors que les meilleures usines thermiques font au mieux 60%.

- Non-spinning reserve, which is the ability to enter load into the system from a source not online. Some other energy sources can also provide non-spinning reserve, but hydropower's quick start capability is unparalleled.
- Regulation and frequency response, which is the ability to meet moment-to-moment fluctuations in system requirements. When a system is unable to respond properly to load changes, its frequency changes, resulting not just in a loss of power but potential damage to electrical equipment.
- Voltage support, which is the ability to control reactive power, thereby ensuring that power will continuously flow from generation to load.
- Black start capability, which is the ability to start generation without an outside source of power. This service may provide auxiliary power to other generation sources that could take long time to restart after a trip.

Obviously, the capability of a hydro power plant to provide all or some of these ancillary services depends on the type of machinery installed. Furthermore, the full set of the ancillary benefits described above are available from hydropower schemes with regulation reservoirs.

Run-of-river hydro power schemes, with little or no regulatory impoundment, simply contribute to base load generation, offering few of the ancillary benefits listed above. However, new developments demonstrate that it is possible to use run-off-river plants also for ancillary services by adopting a control technology which combines several power plants of a cascade into one virtual generation unit. See Reference 13 for further details.

Pumped-storage plants are particularly well suited to manage short term peaks in electricity demand, and to assure reserve generation for emergencies. They also have a significant environmental value as, without pumped storage, many thermal plants would operate at partial load as reserve generators. Such operation results in increased fuel consumption and an associated increase in the production of greenhouse gasses.

Pumped-storage plants can also absorb power when the system has an excess, thus levelling the load on the base load generators. Therefore, they are very effective to firm the variability of intermittent and stochastic renewable sources, such as wind power.

A small but interesting example of a fully integrated wind-hydro scheme is a project that is being planned in the Canaries' archipelago. The project will make the island of El Hierro, which has a surface area of 268 Km^2 and 10 000 inhabitants, completely self-sufficient using renewable sources only. The persistent trade winds will be harnessed to generate up to 11.50 MW using wind power plant. The wind generated electricity will be used to pump water into an elevated reservoir which will provide some 682 m head for hydro power generation. Electric energy will then be supplied from hydro power plant as needed. Any excess energy produced by the wind power plant will be used in two desalination plants to supply potable water needs. The project will replace the currently operating thermal plant which will remain as back-up source. It is estimated that similar projects could be effectively implemented on about a thousand islands across the world.

3.2. COSTS

a) *Capital and Operation costs*

Hydropower plant converts potential and kinetic energy stored in water directly into electricity. The conversion process is very efficient. Modern hydro plants can convert more than 95% of water's energy into electricity, compared to the best fossil fuel plants that are about 60% efficient.

L'hydroélectricité nécessite de lourds investissements en capital; le coût de construction des barrages, adductions hydrauliques, usines (souvent souterraines) et leurs équipements, constituent les composantes principales du coût de construction d'un aménagement hydroélectrique; ce coût élevé de l'investissement initial de l'hydroélectricité la fait considérer comme une solution onéreuse. Cependant, la comparaison des seuls coûts d'investissement entre les différentes technologies de production d'énergie ne conduit pas à la meilleure décision; des approches plus réalistes basées sur l'évolution des coûts dans la durée, doivent être préférées. Ces comparaisons économiques devraient tenir compte de l'évolution des coûts des combustibles, d'exploitation et de maintenance sur la durée de vie de l'installation. Par ailleurs, de telles comparaisons devraient aussi intégrer la réduction de l'émission des gaz à effet de serre et la robustesse de la solution.

Un indicateur reconnu de performance d'une solution alternative (à l'hydroélectricité) est le "Energy Payback Ratio" (ratio de retour sur l'investissement en énergie), qui est défini comme le rapport entre la quantité d'énergie produite pendant la durée de vie de la solution proposée et l'énergie nécessaire pour construire, maintenir et exploiter (dont les coûts de combustible), l'usine durant sa durée de vie de conception. L'hydroélectricité offre presque invariablement, le meilleur retour concernant le EPR (cf. Références 10 et 43 ainsi que la Figure 3.1 pour les détails). Les projets hydroélectriques peuvent produire plus de 200 fois l'énergie nécessaire pour les construire, les maintenir et les exploiter durant leur durée de vie. C'est le meilleur retour sur investissement qu'aucun autre moyen de production d'énergie.

De nombreuses analyses confirment que l'hydroélectricité est la moins couteuse des sources d'énergie renouvelable (cf. Référence 31 et Figure 3.2).

Non seulement les coûts de maintenance et d'exploitation sont très bas (quelques % de l'investissement), l'hydroélectricité n'utilise pas de combustible, ce qui la protège des variations prévisibles du coût des combustible fossiles. Ainsi, l'hydroélectricité contribue de façon significative au concept *"de sécurité énergétique"* défini comme : *"disponibilité physique ininterrompue de l'énergie sur le marché à une prix abordable pour les consommateurs"* ("green paper" de la Commission Européenne - EC 2000).

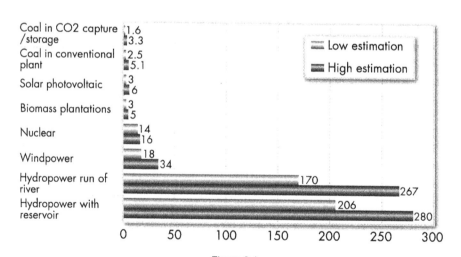

Figure 3.1
Ratio de remboursement d'énergie - Comparaison entre
différentes options (d'après la Référence 43)

Hydropower requires large upfront investment. The high construction costs of dams, pressurized waterways, power stations that are often underground and appurtenant works all contribute to the large upfront capital investment that is required. This capital investment requirement often results in hydropower being labelled an "expensive option". However, comparing the benefits of a hydro scheme to that of any alternate technology simply on the basis of construction costs will often result in a less than optimum decision. More realistically options should be compared on the basis of life cycle costs. Such comparison should directly account for the differences in fuel, operating and maintenance costs over the lifetime of the scheme. Furthermore, the comparison should also recognise other important differences such as reduced greenhouse gas emissions and the sustainability of the solution.

A useful indicator of the efficiency of a development alternative is the "Energy Payback Ratio", defined as the ratio of energy produced during the lifetime of the proposed plant, divided by the energy required to build, maintain and fuel the plant over its design lifetime. Hydropower almost invariably yields the best returns with respect to the Energy Payback Ratio. Refer to References 10 and 43 as well as to Figure 3.1 for further details. Hydropower schemes can produce in excess of 200 times the energy needed to build, maintain and operate them over their design life. This is a much better return on investment than any other type of generation plant.

Numerous analyses confirm that hydropower is one of the least expensive renewable sources of electricity. Some typical results are shown for illustrative purposes in Reference 31. Also see the indicative results presented in Figure 3.2.

Apart from the fact that the operating and maintenance costs of hydroelectricity are very low (typically a few percent of the capital costs), the plants operate without needing fuel. This makes hydropower schemes totally immune to future fuel price variations. As a result, hydropower plants contribute significantly to "energy security", defined as *"uninterrupted physical availability of energy products on the market, at a price which is affordable for all consumers"* ("Green Paper" of the European Commission – EC 2000).

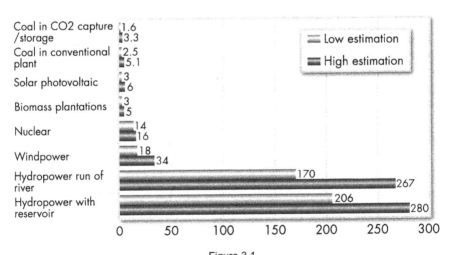

Figure 3.1
Energy pay back ratio - Comparison among different options (from Ref. 43)

Table 1. Status of Renewables Technologies, Characteristics and Costs

Technology	Typical Characteristics	Typical Energy Costs (U.S. cents/kilowatt-hour unless indicated otherwise)
Power Generation		
Large hydro	*Plant size*: 10 megawatts (MW)–18,000 MW	3–5
Small hydro	*Plant size*: 1–10 MW	5–12
On-shore wind	*Turbine size*: 1.5–3.5 MW	5–9
	Blade diameter: 60–100 meters	
Off shore wind	*Turbine size*: 1.5–5 MW	10–14
	Blade diameter: 70–125 meters	
Biomass power	*Plant size*: 1–20 MW	5–12
Geothermal power	*Plant size*: 1–100 MW;	4–7
	Types: binary, single- and double-flash, natural steam	
Solar PV (module)	*Cell type and efficiency*: crystalline 12–18%; thin film 7–10%	——
Rooftop solar PV	*Peak capacity*: 2–5 kilowatts-peak	20–50
Utility-scale solar PV	*Peak capacity*: 200 kW to 100 MW	15–30
Concentrating solar thermal power (CSP)	*Plant size*: 50–500 MW (trough), 10–20 MW (tower); *Types*: trough, tower, dish	14–18 (trough)

Figure 3.2
Technologies d'énergie renouvelable - Coûts de production (d'après la Référence 31)

b) Coûts externes

Toutes les formes de production d'énergie génèrent des coûts externes qui sont des coûts non directement payés par les producteurs ou les consommateurs d'énergie. Par exemple, la production de gaz à effet de serre résultant de la combustion des combustibles fossiles, provoque des coûts externes sous forme de conséquences sur le réchauffement global de la planète. La pollution résultant des rejets de combustibles usés peut, dans le temps, se traduire en coût sociaux sous forme d'augmentation des dépenses de santé, de réduction de la productivité des terres agricoles et similaires autres conséquences.

Quelques mécanismes existent actuellement pour intégrer de façon réalise les coûts externes aux coûts internes; il en résulte que ces coûts (externes) n'apparaissent pas clairement dans le coût de l'énergie. De ce fait, les consommateurs, les producteurs et les décideurs ne disposent pas des indicateurs de prix réalistes leur permettant de prendre les décisions optimales en matière d'utilisation des ressources naturelles. Ce sujet a été étudié par la Commission Européenne (ExterneE, 2003, Référence 11). Dans ce projet, des études complètes et détaillées furent menées pour évaluer les coûts externes des différentes technologies de production d'énergie; cette étude a considéré 7 types de conséquences :

- Impact sur la santé - mortalité,
- Impact sur la santé - morbidité,
- Impact sur les matériaux de construction,
- Impact sur les récoltes,
- Impact sur le réchauffement global de la planète,
- Les pertes "collatérales",
- Impact sur l'écosystème

Les coûts externes ont été calculés en utilisant une approche "bas-en haut". Les conséquences sur l'environnement furent estimées en suivant la chaine du process, depuis la source des émissions via les changements de la qualité de l'air, les impacts de la pollution des sols et de l'eau, avant d'être traduits en argent en bénéfices ou en coûts.

Table 1. Status of Renewables Technologies, Characteristics and Costs

Technology	Typical Characteristics	Typical Energy Costs (U.S. cents/kilowatt-hour unless indicated otherwise)
Power Generation		
Large hydro	*Plant size*: 10 megawatts (MW)–18,000 MW	3–5
Small hydro	*Plant size*: 1–10 MW	5–12
On-shore wind	*Turbine size*: 1.5–3.5 MW	5–9
	Blade diameter: 60–100 meters	
Off shore wind	*Turbine size*: 1.5–5 MW	10–14
	Blade diameter: 70–125 meters	
Biomass power	*Plant size*: 1–20 MW	5–12
Geothermal power	*Plant size*: 1–100 MW;	4–7
	Types: binary, single- and double-flash, natural steam	
Solar PV (module)	*Cell type and efficiency*: crystalline 12–18%;	—
	thin film 7–10%	
Rooftop solar PV	*Peak capacity*: 2–5 kilowatts-peak	20–50
Utility-scale solar PV	*Peak capacity*: 200 kW to 100 MW	15–30
Concentrating solar thermal power (CSP)	*Plant size*: 50–500 MW (trough), 10–20 MW	14–18
	(tower); *Types*: trough, tower, dish	(trough)

Figure 3.2
Energy renewable technologies - Generating costs (from Ref. 31)

b)   External costs

All forms of energy production create certain external costs. External costs are costs that are not directly paid for by the producer or the consumer of the energy. For example, greenhouse gases produced by burning fossil fuels result in external costs in the form of having to deal with global warming effects. Pollution resulting from the discard of used fuels may, in time, impose social costs in the form of increased health expenses, reduced agricultural productivity and the like.

Few mechanisms currently exist to realistically internalise external costs. As a result, these costs are not properly reflected in energy prices. Consumers, producers and decision makers therefore often do not get the realistic price signals that are necessary to make optimum decisions about how best to use resources. This subject was investigated in a research project promoted by the European Commission ("*ExternE*", 2003, Reference 11). In this project detailed and comprehensive analyses were carried out to evaluate the external costs of various technologies for electricity generation. The study considered seven types of consequences:

- Impact on human health – mortality;
- Impact on human health – morbidity;
- Impact on building material;
- Impact on crops;
- Impact on global warming;
- Amenity losses;
- Impact on ecosystems.

External costs were calculated using a bottom-up-approach. Environmental consequences were estimated by following the chain from the source of emissions via air quality changes, soil and water pollution through to physical impacts, before being expressed as either monetary benefits or costs.

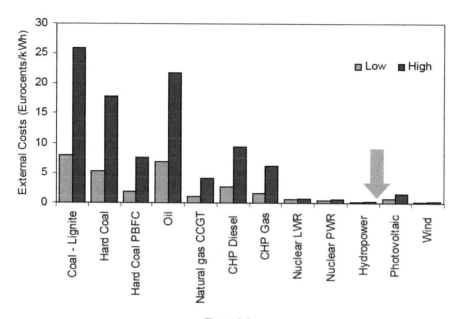

Figure 3.3
Estimation des coûts externes de l'UE pour les technologies de production
d'électricité en 2005 (d'après la Référence 12)

Note: Combustion sur lit fluidisé circulant (CLFC), Production combinée de chaleur et d'électricité (PCCE), Turbine à gaz à cycle combiné (TAG-CC), Réacteur à eau légère (REL), Réacteur à eau pressurisée. (REP)

À la suite du projet *ExternE,* la méthodologie pour le calcul des coûts externes a été plus développée et améliorée sur des nombreux projets comme : *NewExt(2004), ExternE.Pol (2005), CAFE programme and MethodEx (2007).*

Les résultats les plus récents (Référence 12) confirment que les coûts externes de la production d'énergie sont encore importants dans la plupart des pays de l'Union Européenne, en dépit de la baisse observée entre 1990 et 2005 (principalement en raison de l'accroissement du gaz naturel aux dépens du charbon, des progrès dans les performances énergétiques des installations, la lutte antipollution). En 2005, le coût moyen dans l'UE se situait entre 1,8 et 5,9 centimes d'Euros / KWh.

En termes de comparaison entre les différentes sources de production d'énergie, l'hydroélectricité obtient un excellent résultat. Comme indiqué dans la Figue 3.3, les technologies du charbon et du pétrole ont les coûts externes les plus élevés; le gaz obtient des coûts modérés puis le plus bas coût pour dans l'ordre l'éolien et l'hydroélectricité.

c) **Respect des coûts, du planning et des performances énergétiques**

Une évaluation confiante de la viabilité financière et économique d'un projet est très dépendante de la précision des estimations du coût de construction, du programme de réalisation et des besoins de financements de la construction. Les dépassements de coûts et de délais impactent directement la performance économique des projets en particulier ceux présentant un coût d'investissement initial élevé.

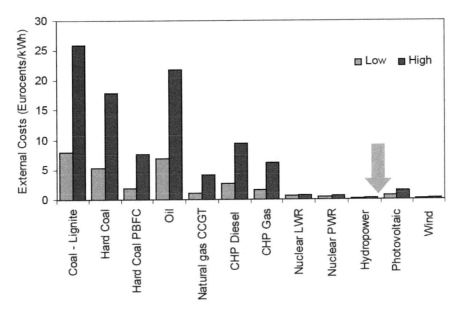

Figure 3.3
Estimated EU external costs for electricity generation technologies in 2005 (from Ref. 12)

Note: PBFC = pressurised fluidised bed combustion, CHP = combined heat and power, CCGT = combined
cycled gas turbine, LWR = light water reactor, PWR = pressurised water reactor

Following on from the original *ExternE* project, the methodology for calculating external costs
has been further developed and improved in a number of projects, including *NewExt (2004), ExternE.
Pol (2005) CAFE programme and MethodEx (2007)*.

The most recent results (Reference 12) confirmed that the external costs of electricity
production are still significant in most EU countries, despite the fall observed over the period 1990
to 2005 (primarily due to fuel switching away from coal to natural gas, ongoing improvement in
generation efficiency, use of pollution abatement technology). In 2005 the average external costs in
the EU were between 1,8 (low estimate) and 5,9 (high estimate) Eurocent/Kwh.

In terms of comparison among different sources, an excellent result for hydropower was
pointed out. As resumed in Figure 3.3 the largest external costs resulted for coal and oil technologies;
moderate external costs for gas and the lowest external costs, by an order of magnitude, for wind and
hydropower.

c) **Compliance with planned costs, schedules and power delivery**

Reliable assessment of the financial and economic viability of a project is very dependent on
the accuracy of estimates of construction cost, construction program and construction cash flow. Cost
and/or construction programme overruns directly impacts on the project's effectiveness, particularly
so for projects with high initial investment costs.

Les projets hydroélectriques sont exposés, peut-être plus que d'autres projets, aux risques de dépassements des coûts et des délais. De grands barrages, des tunnels et de grandes cavernes souterraines doivent être construits; ces structures sont très sensibles à tous les facteurs pouvant influencer leur coût de construction, les délais de réalisation et la date de mise en service. Parmi ces facteurs, les plus importants sont :

- Les conditions géologiques et géotechniques du site sont généralement des facteurs critiques pour les coûts et les délais; la qualité de la fondation, la stabilité des pentes, la qualité et la volume de matériaux disponibles dans les carrières, sont sujets à des imprévus durant toute la période de construction,
- Durant la longue phase de développement du projet (études et réalisation), des changements peuvent survenir dans l'économie, les contraintes réglementaires et autres contraintes similaires; bien que ces changements imprévus puissent être résolus, ils peuvent entraîner des augmentations de délais et de coûts.

Une étude pour évaluer 70 projets hydroélectriques financés par la Banque Mondiale et mis en service entre 1965 et 1986, montra que le coût final était en moyenne 27% plus élevé que le cout estimé lors du montage financier du projet. Ce résultat place les projets d'hydroélectricité dans un meilleur classement que d'autres projets de barrages (cf. Référence 4).

Concernant le programme de la réalisation, l'étude montra que le dépassement des délais est d'environ 28% (cf. Référence 4). Ce dépassement de délai est très similaire à celui observé pour la construction des projets thermiques qui en principe sont moins exposés aux risques et aléas influençant le respect des délais.

Un autre important point concerne le respect du cahier des charges des performances (énergétiques) du projet. Les résultats montrent que les projets hydroélectriques satisfont les spécifications du cahier des charges. L'évaluation des performances réelles versus celles prévues, réalisée par la WCD montre qu'en moyenne, les projets hydroélectriques respectent les performances attendues (cf. Figure 3.4)

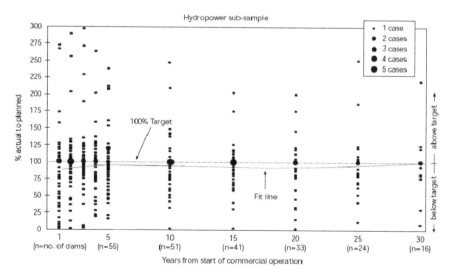

Figure 3.4
Production d'hydroélectricité réelle et prévue (d'après la Référence 4)

Hydropower projects are exposed, perhaps more than other projects, to the risk of construction cost and time overruns. Large dams, tunnels and often large underground caverns need to be constructed as part of a hydropower scheme. These structures are sensitive to various factors that might influence construction costs, construction programme and the planned power delivery date. Among such factors, the following are of particular interest:

- Geological and geotechnical conditions at the site are usually the most critical factors affecting cost and time. The quality of foundations, slope stability and the quality and volume of material in borrow pits for construction materials, may all show unexpected variations as construction progresses.
- During the long implementation period (design and construction), possible changes may occur in external conditions such as the economy, or changes in the regulatory framework and the like. Although such unexpected changes can usually be accommodated, they may result in an extended construction programme or in higher costs.

A study to evaluate 70 World Bank financed hydropower projects, commissioned between 1965 and 1986, found that the completion costs were, on average, 27% higher than those estimated at financial close. This result places hydropower projects in a better position than other dam projects. See Reference 4 for further details.

With regard to construction schedules, the study found that programmes typically overran by about 28%. Further details can be found in Reference 4. The average programme over runs are very similar to the results achieved for thermal power projects which are less affected by the previously described main factors influencing the risk for delays.

Another important aspect is the achievement or otherwise of the power generation specifications. Results show that hydropower projects perform quite well. The assessment of actual scheme performance versus targets, carried out by the WCD showed that, on average, hydropower projects have met expected targets, as shown in Figure 3.4.

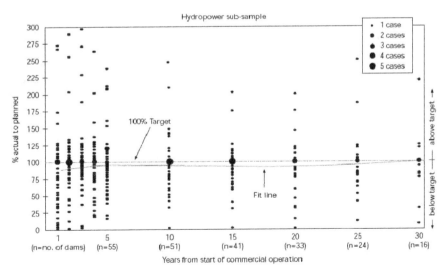

Figure 3.4
Actual vs. planned hydropower generation (from Ref. 4)

3.3. ASPECTS SOCIAUX ET ENVIRONEMENTAUX

Tous les projets d'infrastructure impactent l'environnement naturel et les populations locales. La question est de savoir si ces impacts sont identifiés suffisamment tôt dans la vie du projet, s'ils sont correctement pilotés et traités dans la limite de leur propre impact sur le prix de développement du projet. Les agences de financement internationale et les banques commerciales admettent que le développement des projets est toujours une affaire de compromis. Afin de déterminer un équilibre acceptable pour les grands projets d'infrastructures, des nombreuses institutions ont établi des guides auquel on peut se référer, comme par exemple :

- "Banque Mondiale : guide pour l'environnement, la santé et la sécurité",
- "Société financière internationale : performance standards",
- "The Equator Principles".

Les projets de barrages et d'hydroélectricité, par leur fonction de stockage, dérivent et régulent le débit des rivières. Chaque projet a pour objet de procurer de substantiels revenus à ses développeurs, mais les conséquences pour certaines des "parties prenantes" (les parties concernées) peuvent être négatives, voire dangereuses. Les possibles impacts environnementaux et sociaux négatifs sont présentés en Référence 4.

On sait maintenant que les aspects environnementaux et sociaux des projets hydroélectriques peuvent être des points critiques (points durs) durant toutes les phases du développement du projet, indépendamment de sa taille et de sa situation géographique. Beaucoup de recherche ont été commandées pour comprendre et définir les aspects importants, leurs conséquences et les mesures possibles de compromis, dans le but d'éviter ou d'avoir à rectifier des conséquences négatives afin d'en maximiser les issues positives.

L'intégration des considérations environnemental et sociales dans le planning, les études et l'exploitation des barrages et des aménagements hydroélectriques est maintenant une pratique courante dans beaucoup de pays. L'intérêt d'identifier très tôt dans le processus les potentiels problèmes sociaux et environnementaux et de les analyser, immédiatement lors du lancement du projet est maintenant admis. Ces aspects devront être analysés complètement et débattus dans une large concertation avec toutes les parties prenantes intéressées et concernées. Une telle approche intégrée basée sur le programme du projet, les études et les différentes phases de la réalisation est maintenant largement reconnue comme de première importance pour faire progresser le développement du projet.

Il est pertinent de reconnaître que de nombreux aménagements hydroélectriques bien conçus qui ont eu un effet bénéfique pour plusieurs générations. Plusieurs sites de barrage sont devenus des centres d'intérêt parce que des écosystèmes ont été implantés avec succès dans l'emprise du réservoir.

a)   *Recommandations*

Comme indiqué dans la Déclaration Finale adoptée en 2004 lors du Symposium des Nations Unis sur "Hydroélectricité et Développement Durable", la diffusion de bonnes pratiques et de lignes directrices est recommandée afin de promouvoir une plus grande prise en compte des aspects environnementaux et sociaux.

3.3. ENVIRONMENTAL AND SOCIAL ISSUES

All infrastructure projects impact on the natural environment and on the local population. The question is whether the potential impacts are identified early enough in the project development cycle and whether they are then well managed and mitigated to the extent that the impacts are acceptable as part of the price of the development. International funding agencies and commercial banks recognise that development is always a compromise. To find acceptable balances for major infrastructure projects various institutions have established guidelines to be adhered to. Some of the guidelines are listed below:

- "World Bank Group Environmental, Health, and Safety Guidelines",
- "International Finance Corporation (IFC) Performance Standards";
- "The Equator Principles".

Dams and hydropower projects, by their nature store, divert and regulate the flow in rivers. Such interventions can have various environmental and social impacts. Each project would focus on offering significant benefits to the developers but the consequences for some stakeholders may be negative or harmful. Possible negative environmental and social impacts are discussed extensively in Reference 4.

The environmental and social aspects of hydropower projects are now understood to be a critical consideration during all phases of hydropower development regardless of scale or location. Much research has been directed at defining and understanding potential issues, their consequences and possible mitigation measures, aimed at avoiding or rectifying negative consequences and maximising positive outcomes.

The integration of environmental and social considerations in the planning, design and operation of dams and hydropower schemes is now a standard practice in most countries. The value of the early identification and analysis of potential environmental and social problems, right from the outset of a proposed project, is now recognised. These issues should be further analysed and debated in a comprehensive, inclusive negotiation process with all the interested and affected stakeholders. Such an inclusive approach through the project planning, design and implementation phases is now widely recognized to be of primary importance for effective project development.

It is worth recognising that there are many well-conceived hydropower schemes that have now been in beneficial service for several generations. Several dam sites have become sites of special interest because of the ecosystems that have successfully established in the reservoir areas.

a) Guidelines

As stated in the final Declaration adopted at the 2004 United Nations Symposium on "Hydropower and Sustainable Development", the dissemination of good practice and guidelines is recommended, to promote greater consideration of environmental and social aspects.

Le développement de critères de conception et des recommandations techniques constitua une part entière du programme de travail de la Commission mondiale sur les barrages, créée en 1998 et dissoute après la publication de son rapport final (cf. Référence 4). Recommandations techniques et canevas d'aide à la décision furent définis dans rapport final. Sept priorités stratégiques et principes politiques forment le cœur des recommandations :

1. Obtenir l'acceptation du public en reconnaissant les droits, en abordant les risques et en protégeant les droits de tous les groupes de personnes touchées, en particulier les groupes vulnérables.

2. Évaluer toutes les options possibles, en identifiant les réponses les plus appropriées pour le développement du projet parmi une gamme d'options possible,

3. Aborder les barrages existants, afin d'optimiser les avantages des barrages existants.

4. Maintenir les rivières et l'habitat, en évitant, en minimisant et en recherchant des compromis sur le réseau hydrographique.,

5. Reconnaître les droits et partager les bénéfices, par des négociations avec les personnes affectées par les conséquences du projet,

6. Assurer la conformité, respecter les engagements définis,

7. Partager les fleuves pour la paix, le développement et la sécurité, promouvoir un intérêt mutuel pour la coopération régionale et la collaboration pacifique

Plusieurs organisations, y compris la CIGB, ont fait remarquer que le rapport de la Commission du Développement Durable négligeait les avantages des barrages et que les directives proposées dans le rapport de la Commission pour la planification et la mise en œuvre de projets de barrages étaient trop idéalistes. Il a été avancé que le rapport de la CMB ne reconnaissait pas pleinement, ni ne tenait compte des différentes phases de développement dans les différents pays.

En 2010, le Programme d'Environnement des Nations Unies, réalisa un sondage éclair pour vérifier l'influences du rapport de la WCD et des recommandations. Le sondage récolta des réponses de nombreux pays et d'une grande variété de parties prenantes. Le résultat montra une grande connaissance des recommandations de la WCD et une appropriation largement répandue de ces principes sous une forme ou une autre. Les réponses mirent également en lumière plusieurs défauts majeurs de mise en œuvre (cf. Référence 43).

Les Recommandations de l'Union Européenne

Les « Directives et modèles harmonisés pour les projets MDP de l'hydroélectricité » (Référence 18) ont été préparés par l'Union européenne en 2009. Tous les États membres de l'Union européenne ont décidé de les utiliser pour évaluer de grands projets hydroélectriques. Les lignes directrices résultent d'un processus visant à harmoniser les critères d'évaluation des États membres, sur une base volontaire. Ils représentent un cadre régional d'évaluation de la durabilité visant à garantir que tous les projets sont développés de manière à nuire le moins à l'environnement, et à traiter l'acceptation par le public et le traitement équitable de toutes les parties prenantes concernées.

The development of design criteria and guidelines was an integral part of the scope of work of the World Commission on Dams, established in 1998 and disbanded after the publication of its final Report. See Reference 4. Recommendations and a framework for decision-making were defined in the Report. Seven strategic priorities and policy principles form the core of these recommendations:

1. Gaining Public Acceptance, by recognizing rights, addressing risks, and safeguarding the entitlements of all groups of affected people, particularly vulnerable groups.

2. Comprehensive Options Assessment, identifying the most appropriate development response from a range of possible options.

3. Addressing Existing Dams, to optimize benefits from existing dams.

4. Sustaining Rivers and Livelihoods, avoiding-minimizing-mitigating the impacts to the river system.

5. Recognizing Entitlements and Sharing Benefits, through negotiations with adversely affected people.

6. Ensuring Compliance, meeting all the defined commitments.

7. Sharing Rivers for Peace, Development and Security, promoting mutual self-interest for regional co-operation and peaceful collaboration.

Several organizations, including ICOLD, pointed out that the WCD Report overlooked the benefits of dams and that the guidelines proposed in the WCD report for the planning and implementation of dam projects were too idealistic. It was argued that the WCD Report didn't fully recognise, or take into account, the different development phases in different countries.

In 2010 the United Nations Environment Programme carried out a snapshot survey to monitor the influence of the WCD report and guidelines. The survey attracted responses from many countries and a wide range of stakeholders. The results indicated extensive knowledge of the WCD recommendations and a widespread uptake of its principles in one form or another. Responses also highlighted several significant weaknesses in implementation. (See Reference 43).

Guidelines by the European Union

The "Harmonized Guidelines and Template for Hydropower CDM Projects" (Reference 18) was prepared by the European Union in 2009. All the European Union Member States agreed to use them for the assessment of large hydro projects. The Guidelines resulted from a process aimed to harmonize the Member States' assessment criteria, on a voluntary basis. They represent a regional sustainability assessment framework, aimed at ensuring that all projects are developed to be least damaging to the environment, and addressing public acceptance and equitable treatment of all affected stakeholders.

Une approche innovante a récemment été lancée pour améliorer la durabilité de l'hydroélectricité. Le « Protocole d'évaluation de la durabilité de l'hydroélectricité » (Référence 17) a été élaboré par un forum multipartite composé d'ONG sociales et environnementales, de gouvernements de pays développés et en développement, de banques commerciales et de développement et du secteur de l'hydroélectricité, représenté par l'Association internationale de l'hydroélectricité (IHA). Il s'appuie sur les précédentes directives de développement durable élaborées par l'IHA. Il fournit un cadre complet pour évaluer les perspectives environnementales, sociales, techniques et économiques / financières des nouveaux projets hydroélectriques ainsi que la gestion des projets existants. Le protocole identifie une vingtaine de sujets qui concernent tous les projets hydroélectriques en fonction de leur stade de développement. Il fournit une méthodologie cohérente pour évaluer la durabilité à l'échelle mondiale.

Le Protocole a été formellement adopté par l'IHA en novembre 2010. Une structure de gouvernance multipartite et des conditions d'utilisation ont été établies pour guider la mise en œuvre du Protocole dans les années à venir. Le protocole bénéficie du soutien de grandes institutions internationales telles que la Commission européenne (financée par le programme LIFE), le WWF et The Nature Conservancy.

Le protocole n'est pas destiné à être un test de réussite ou d'échec. Il guide les utilisateurs dans l'examen et l'analyse des différents problèmes de durabilité. Les scores sont attribués pour chaque sujet sur une plage allant de 1 à 5, 3 correspondant aux bonnes pratiques de base et 5 aux meilleures pratiques éprouvées. Le protocole est divisé en quatre principaux outils d'évaluation :

- « *Stade précoce* » qui est un outil de sélection préliminaire permettant d'évaluer l'environnement stratégique dans lequel les propositions de projets hydroélectriques sont élaborées. Neuf sujets sont présentés pour examen.
- « *Préparation* » qui évalue l'étape de préparation au cours de laquelle les enquêtes, la planification et la conception sont entreprises pour tous les aspects du projet. Vingt-trois sujets sont présentés pour examen.
- « Mise en œuvre » qui évalue l'étape de la mise en œuvre au cours de laquelle les plans et engagements de construction, de réinstallation, de gestion de l'environnement et autres sont mis en œuvre Vingt sujets sont présentés pour examen.
- « *Exploitation* » qui évalue le fonctionnement d'une installation hydroélectrique. Dix-neuf sujets sont présentés pour examen.

b)   *« Petite Hydraulique - Grande Hydraulique »*

Très souvent, notamment dans le cadre de politiques et d'incitations à la promotion des énergies renouvelables, une distinction est faite entre les « grandes » et les « petites » centrales hydroélectriques. Tous les pays, ou toutes les agences de développement, n'utilisent pas les mêmes critères pour cette distinction. Les petites centrales hydroélectriques sont souvent définies comme ayant une capacité installée allant jusqu'à 10 MW, principalement au fil de l'eau, avec peu ou pas de mise en fourrière. Les grandes installations hydroélectriques seraient alors des installations d'une puissance installée égale ou supérieure à 10 MW, souvent avec l'inclusion d'un stockage régulé.

La définition revêt toutefois une grande importance, car la « petite centrale hydroélectrique » est généralement considérée comme une technologie ayant un faible impact social / environnemental. En conséquence, la « petite hydraulique » est reconnue parmi les technologies « énergies renouvelables » à promouvoir comme solutions énergétiques vertes. Les « grandes centrales hydroélectriques » sont réputées avoir des impacts significatifs et, par conséquent, même si elles sont renouvelables, elles sont souvent omises de la liste des solutions d'énergie verte.

D'un point de vue environnemental, la distinction entre petits et grands barrages / réservoirs n'a aucune signification. Tous les projets hydroélectriques sont renouvelables. Ce n'est pas la taille qui définit si un projet est durable ou non, mais les caractéristiques spécifiques du projet. La manière dont le projet est planifié, mis en œuvre et exploité revêt une importance beaucoup plus grande que la taille du projet.

An innovative approach has recently been launched to improve the sustainability of hydropower. The "Hydropower Sustainability Assessment Protocol" (Reference 17) was developed by a multi-stakeholder forum, comprising social and environmental NGOs, developed and developing country governments, commercial and development banks, and the hydropower sector represented by the International Hydropower Association (IHA). It builds on previous sustainability guidelines developed by IHA. It provides a comprehensive framework to assess the environmental, social, technical and economic/financial perspectives of new hydropower projects as well as the management of existing schemes. The Protocol identifies a range of approximately 20 topics which are relevant to all hydropower projects depending on their stage in the project lifecycle. It provides a consistent methodology for assessing sustainability globally.

The Protocol was formally adopted by IHA in November 2010. A multi-stakeholder governance structure, and terms and conditions for use have been established, to guide the implementation of the Protocol in the oncoming years. The Protocol has the support of large international institutions such as the European Commission (via funding from the LIFE programme), WWF and The Nature Conservancy.

The Protocol is not intended to be a 'pass' or 'fail' test. It guides users to consider and analyse the various sustainability issues. Scores are allocated for each topic in a range from 1 to 5, with 3 being basic good practice and 5 being proven best practice. The Protocol is divided into four main assessment tools:

- *'Early stage'* which is a preliminary screening tool to assess the strategic environment from which proposals for hydropower projects emerge. Nine topics are introduced for consideration.
- *'Preparation'* which assesses the preparation stage during which investigations, planning and design are undertaken for all aspects of the project. Twenty-three topics are introduced for consideration.
- *'Implementation'* which assesses the implementation stage, during which construction, resettlement, environmental and other management plans and commitments are implemented. Twenty topics are introduced for consideration.
- *'Operation'* which assesses the operation of a hydropower facility. Nineteen topics are introduced for consideration.

b)   *"Small Hydro - Large Hydro"*

Very often, particularly in the context of policies and incentives for the promotion of renewable energies, distinction is made between "large" and "small" hydro. Not all countries, or all development agencies, use the same criteria for this distinction. Small hydropower schemes are often defined as those with installed capacity of up to 10 MW, which are mainly run-of-river with little or no impoundment. Large hydropower schemes would then be schemes with installed capacity of 10 MW or greater, often with the inclusion of regulating storage.

The definition is, however, of great significance as "Small hydro" is usually considered a technology with low social/environmental impact. As a result "small hydro" is recognised among the "renewable energy" technologies to be promoted as green energy solutions. "Large hydro" is deemed to have significant impacts and therefore, even though it is renewable, it is often omitted from the list of green energy solutions.

From an environmental standpoint, the distinction between small and large dams/reservoirs is largely meaningless. All hydropower projects are renewable. It is not size that defines whether a project is sustainable or not, but the specific characteristics of the project. The way the project is planned, implemented and operated is of far greater significance than the size of the project.

La Déclaration Politique de la Conférence internationale sur les énergies renouvelables de 2004 (Conférence de Bonn) indique clairement que *"dans le domaine des énergies renouvelables, les sources d'énergie renouvelables et les technologies comprennent : l'énergie solaire, l'énergie éolienne, l'énergie hydraulique, la biomasse, y compris les biocarburants, et la géothermie"*. Il n'y a aucune mention des limites de mégawatts en ce qui concerne l'hydroélectricité.

En outre, lorsque l'on compare les petits projets hydroélectriques à des projets plus importants sur la base d'une production électrique équivalente et que l'on prend en compte les effets cumulatifs de nombreux petits projets, le privilège environnemental des petites centrales hydroélectriques devient beaucoup moins évident.

Il ne fait aucun doute que les projets à petite échelle jouent un rôle important dans les zones reculées, dans les programmes d'électrification rurale et dans la maximisation de la valeur des infrastructures polyvalentes. Les grands projets resteront toutefois les plus respectueux de l'environnement pour ce qui est de soutenir les systèmes de réseau et d'alimenter les centres industriels et urbains. Il convient également de garder à l'esprit que la grande majorité de la croissance démographique des prochaines décennies sera probablement concentrée dans et autour des villes.

3.4. EMISSIONS DE GAZ À EFFET DE SERRE

Les liens entre la production d'énergie et le changement climatique sont de plus en plus compris et acceptés. Les émissions de gaz à effet de serre (GES), principalement produites par la combustion de combustibles fossiles, sont connues pour contribuer au réchauffement de la planète. La Chine et les États-Unis produisent actuellement les plus gros volumes d'émissions de CO_2, représentant environ 40% du total mondial, suivis de l'Inde et de la Russie, produisant chacun environ 5% du total mondial (données de 2008, provenant du « Centre d'analyse de l'information sur le dioxyde de carbone »)"[1]).

Toutefois, les émissions de gaz à effet de serre proviennent également de nombreuses autres sources, notamment de vastes étendues d'eau, naturelles et artificielles. Comme l'eau transporte du carbone dans le cycle naturel, tous les écosystèmes aquatiques (en particulier les zones humides et les zones inondées de manière saisonnière) émettent des GES. Les proportions de dioxyde de carbone et de méthane rejetées dans l'atmosphère par les masses d'eau dépendent des conditions spécifiques du site, notamment de l'écosystème et du type de climat. Dans les masses d'eau anoxiques à mouvement lent, la proportion de méthane produite augmente. Le méthane est un important gaz à effet de serre car, selon le Groupe d'experts intergouvernemental sur l'évolution du climat (IPCC, Référence 45), son potentiel de réchauffement de la planète est plus de 20 fois supérieur à celui du dioxyde de carbone sur un horizon de 100 ans.

La création d'un réservoir artificiel modifie la chimie des sols inondés et conduit à la libération de carbone labile ainsi que de nutriments dans le corps de l'eau. Ces nutriments renforcent l'activité bactérienne et stimulent la production globale de l'écosystème du réservoir, notamment la croissance du plancton et la prolifération des communautés de poissons. En outre, au cours des premières années d'inondation, les bactéries décomposent une partie de la matière organique inondée, la convertissant en partie en dioxyde de carbone et en méthane. Ces gaz migrent à travers la masse d'eau pour être en partie rejetés dans l'atmosphère. Le temps de résidence dans l'eau, la forme et le volume du réservoir ainsi que la quantité et le type de végétation inondée sont quelques-uns des paramètres qui influent sur la durée des émissions.

---

[1] Au sein du département américain de l'Énergie, une organisation s'est concentrée sur les données relatives aux changements climatiques et aux émissions de gaz à effet de serre et a fourni au milieu de la recherche des données sur le réchauffement planétaire.

The Political Declaration from the 2004 International Renewable Energies Conference (Bonn Conference) clearly states that 'In the context of renewables, renewable energy sources and technologies include: solar energy, wind energy, hydropower, biomass energy including bio-fuels, and geothermal energy'. There is no mention of mega-watt limits as they relate to hydropower.

Furthermore, when small hydropower projects are compared with larger projects on the basis of equivalent electricity production, and the cumulative effects of many small schemes are considered, the environmental privilege of small over large hydropower becomes much less obvious.

There can be no doubt that small scale projects play an important role in remote areas, in rural electrification programmes, and in maximizing the value of multipurpose infrastructure. Larger schemes will however continue to be the most environmentally benign in supporting grid systems and powering industrial and urban centres. It should also be borne in mind that the large majority of population growth in the coming decades is likely to be centred in and around cities.

3.4. GREENHOUSE GAS EMISSIONS E

The links between energy production and climate change are rapidly becoming more clearly understood and more widely accepted. Greenhouse gas (GHG) emissions, mainly produced by burning fossil fuels, are known to contribute to global warming. China and the USA currently produce the largest volumes of CO_2 emissions, contributing some 40% of the world total, followed by India and Russia, each producing about 5% of the world total (2008 data, from the "*Carbon Dioxide Information Analysis Centre*"[1]).

However, GHG emissions also come from many other sources including large water bodies, both natural and artificial. As water carries carbon in the natural cycle, all aquatic ecosystems (especially wetlands and seasonally flooded areas) emit GHG. The proportions of carbon dioxide and methane that are released to the atmosphere from water bodies depend on the specific site conditions, particularly the ecosystem and climate type. In slow-moving anoxic water bodies, the proportion of methane produced is increased. Methane is an important GHG because, according to the Intergovernmental Panel on Climate Change (IPCC, Reference 45), its global-warming potential is more than 20 times that of carbon dioxide over a 100-year time horizon.

The creation of an artificial reservoir modifies the chemistry of the flooded soils and leads to the release of labile carbon as well as nutrients into the water body. These nutrients enhance bacterial activity, and stimulate the overall production of the reservoir ecosystem, including the growth of plankton and the proliferation of fish communities. In addition, over the first few years of inundation, bacteria decompose part of the flooded organic matter, partly converting it to carbon dioxide and methane. These gases migrate through the water body, to be partly released to the atmosphere. The water residence time, the shape and volume of the reservoir and the amount and type of vegetation flooded, are some of the parameters which affect the duration of the emissions.

---

[1] Organization within the US Department of Energy focused on data related to climate change and greenhouse gas emissions, and providing the research community with global warming data.

Le concept d'émissions nettes de GES revêt une importance fondamentale pour l'évaluation de l'état des GES des réservoirs d'eau douce artificiels. Les émissions nettes de GES des réservoirs d'eau douce artificiels sont définies comme l'impact sur les GES de la création de ces réservoirs (ou le statut des GES des réservoirs d'eau douce). Pour bien quantifier le changement net d'échange de GES dans un bassin hydrographique causé par la création d'un réservoir, il est nécessaire d'envisager les échanges avant, pendant et après sa construction. Cela signifie que les émissions nettes de GES représentent la différence entre les émissions avec et sans le réservoir, dans la partie bassin hydrographique touchée par le réservoir, y compris les zones en amont, en aval et les estuaires. Conformément à 2006 du GIEC (Référence 46), la période d'évaluation du cycle de vie des émissions nettes de GES devrait être de 100 ans.

Les émissions nettes ne peuvent pas être mesurées directement. Les résultats des mesures sur le terrain sont les émissions brutes qui incluent les effets de sources anthropiques naturelles et anthropiques non liées, à la fois pour les conditions avant et après la mise en eau.

Pour un réservoir artificiel proposé, les émissions de la zone noyée devraient être évaluées, en tant que base de comparaison avec les émissions après la mise en eau. Les mesures après la mise en eau devraient tenir compte du fait que la libération initiale des nutriments et la décomposition améliorée de la matière organique se produisent sur une courte période après la mise en fourrière. Les émissions reviennent aux valeurs naturelles, généralement dans les 10 ans pour les conditions froides et tempérées, et dans les 30 ans suivant les conditions tropicales.

La plupart des études publiées actuellement disponibles font état d'importantes émissions brutes de GES provenant des nouveaux réservoirs uniquement. Ces résultats incluent, implicitement, les émissions de sources anthropiques naturelles et non apparentées. Ils ignorent également la réduction naturelle des émissions de GES au fil du temps. En conséquence, les résultats publiés conduisent généralement à une surestimation des émissions de GES sur la durée de vie du réservoir.

Le sujet des émissions de gaz à effet de serre provenant des réservoirs hydroélectriques est devenu particulièrement populaire parmi les opposants aux barrages. Ils se réfèrent souvent au cas du réservoir créé par le barrage de Balbina au Brésil (mis en service en 1989), pour lequel des émissions de GES très élevées ont été évaluées, en raison de sa grande superficie inondée par unité d'électricité produite. Cependant, l'énergie hydraulique présente généralement une très faible empreinte de GES. Des études menées en Amérique du Nord montrent que les réservoirs d'hydroélectricité ont tendance à augmenter légèrement les émissions naturelles et qu'une valeur de 10 000 tonnes / TWh d'équivalent CO_2 a été attribuée aux projets de cette région. Considérant que les réservoirs dans les climats chauds et tropicaux devraient générer des émissions plus importantes, une valeur plus élevée (40 000 tonnes / TWh) a été proposée comme valeur moyenne internationale pour l'hydroélectricité. Aucune de ces valeurs ne prend en compte la séquestration du carbone dans les sédiments du réservoir, elles sont donc probablement surestimées.

Même dans ce cas, les émissions de gaz à effet de serre de l'énergie hydroélectrique ne représentent que quelques pour cent de tout type de production thermique classique à combustibles fossiles. Ceci est clairement démontré dans la Figure 3.5, qui montre la quantité de CO_2 émise par différentes options de production d'électricité. Les données présentées sont basées sur une analyse de cycle de vie.

Une autre considération récemment introduite dans le débat est la libération de méthane lorsque l'eau émerge des turbines, voir Référence 19. L'eau au fond d'un réservoir peut contenir une forte concentration de méthane sous pression. Ce méthane serait alors libéré lorsque la pression est relâchée soudainement lorsque l'eau sort des turbines. Il existe actuellement peu de données disponibles pour prendre en charge cette vue.

La question des émissions de gaz à effet de serre provenant des réservoirs revêt un intérêt particulier pour l'énergie hydroélectrique, car elle revêt de plus en plus d'importance dans l'évaluation des crédits de carbone (voir le chapitre 5). Il faut également noter que peu de données de surveillance ont été collectées à ce sujet. Une surveillance à plus long terme fournira des données plus fiables. Il est donc important de poursuivre les efforts de surveillance et les travaux scientifiques.

The concept of net GHG emissions is of fundamental importance for the assessment of the GHG status of man-made freshwater reservoirs. Net GHG emissions from man-made freshwater reservoirs are defined as the GHG impact from the creation of these reservoirs (or the GHG status of freshwater reservoirs). To properly quantify the net change of GHG exchange in a river basin caused by the creation of a reservoir, it is necessary to consider exchanges before, during and after its construction. This means that net GHG emissions are the difference between the emissions with and without the reservoir, in the portion of the river basin affected by the reservoir, including upstream, downstream and estuarine areas. In accordance with IPCC 2006 (Reference 46) the lifecycle assessment period for net GHG emissions should be 100 years.

Net emissions cannot be measured directly. Results of field measurements are gross emissions which include the effects from natural and unrelated anthropogenic sources, both for pre- and post-impoundment conditions.

For a proposed artificial reservoir, the pre-impoundment emissions of the area should be evaluated, as a baseline to be compared with the emissions after impoundment. Measurements after impoundment should take into account that the initial release of nutrients and the enhanced organic matter decomposition occur over a short period of time after the impoundment. Emissions return to natural values, generally within 10 years for cold and temperate conditions, and within up to 30 years under tropical conditions.

The bulk of the currently available, published studies report large gross GHG emissions from new reservoirs only. These results include, by implication, emissions from natural and unrelated anthropogenic sources. They also disregard the natural reduction in GHG emissions over time. Accordingly, the published results generally lead to overestimates of GHG emissions over the reservoir lifetime.

The subject of GHG emissions from hydro reservoirs has become particularly popular among opponents to dams. They often refer to the case of the reservoir created by the Balbina Dam in Brazil (commissioned in 1989), for which very high GHG emissions were evaluated, due to its large flooded area per unit of generated electricity. However, in general, hydropower presents a very low GHG footprint. Studies in North America show that hydropower reservoirs tend to increase natural emissions marginally, and a value of 10 000 ton/TWh of CO_2 equivalent has been allocated to schemes in this region. Considering that larger emissions should occur from reservoirs in warmer and tropical climates, a larger value (40 000 ton/TWh) has been proposed as an international average value for hydropower. Neither of these values takes into account the sequestration of carbon in the reservoir sediments, so they are probably overestimating.

Even so, hydropower GHG emissions amount to only a few percent of any kind of conventional fossil-fuel thermal generation. This is clearly demonstrated in Figure 3.5, which shows the amount of CO_2 emitted by different electricity generating options. Data presented are based on a life-cycle analysis.

Another consideration recently introduced into the debate is the release of methane when the water emerges from the turbines, see Reference 19. The water at the bottom of a reservoir may contain a high concentration of methane under pressure. This methane would then be released when the pressure is suddenly released as the water emerges from the turbines. There is currently little data available to support this view.

The subject of GHG emissions from reservoirs is of particular interest for hydropower as it's becoming more and more important for carbon credits evaluation (see chapter 5). It must also be noted that a limited amount of monitoring data has been collected on this subject. Longer term monitoring will provide more reliable data. Therefore it is important to continue the monitoring efforts and the scientific work.

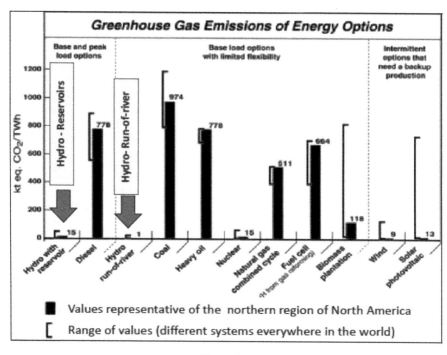

Figure 3.5
Émissions de GES - Comparaison entre les options de production d'énergie
(d'après la Référence 10)

Le Programme d'Hydrologie International de l'UNESCO (UNESCO-PHI) et l'Association Internationale pour l'Hydroélectricité (IHA), avec la collaboration de nombreux instituts de recherche, ont lancé en 2008 un projet de recherche international sur les émissions de GES des réservoirs d'eau douce. Le projet de recherche vise à améliorer la compréhension de l'impact des réservoirs sur les émissions naturelles de GES, à mieux comprendre les méthodologies actuelles et à contribuer à combler les lacunes dans les connaissances. Une étape importante a été franchie en 2010 avec la publication des « Lignes directrices pour la mesure des gaz à effet de serre dans les réservoirs d'eau douce », document novateur décrivant les procédures normalisées pour les mesures sur le terrain et l'estimation de l'impact de la création d'un réservoir sur les émissions de GES. Ces lignes directrices présentent les principaux produits développés par le projet de recherche sur les gaz à effet de serre UNESCO / IHA, en utilisant une approche scientifique consensuelle et une initiative de collaboration internationale intensive. Le rapport jette les bases des prochaines étapes de la recherche et de l'application des protocoles convenus sur le terrain. La méthodologie présentée dans les directives est applicable à tous les réservoirs et à tous les types de climat. L'intention de l'IHA est d'utiliser les résultats pour développer des outils de prévision, réduisant ainsi la nécessité de mesures de terrain intensives à l'avenir.

Enfin, il convient de mentionner les travaux de recherche achevés et publiés en 2011 dans « Nature Géoscience » (Référence 48). Cette recherche a permis de rassembler le plus grand ensemble de données sur les émissions de gaz à effet de serre provenant des réservoirs hydroélectriques disponibles à ce jour. Les données ont été recueillies dans 85 réservoirs hydroélectriques du monde entier. Les données ont été collectées et examinées par une équipe internationale de scientifiques. Les analyses ont permis de conclure que les systèmes évalués émettaient environ 1/6 du dioxyde de carbone et du méthane qui leur avaient été attribués auparavant.

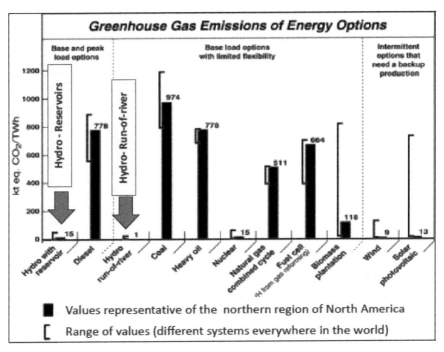

Figure 3.5
GHG emissions - Comparison among power generation options (from Ref. 10)

The International Hydrological Program of UNESCO (UNESCO-IHP) and the International Hydropower Association (IHA), with the collaboration of numerous research institutions, in 2008, started an international research project on GHG emissions from freshwater reservoirs. The research project aims to improve understanding of the impact of reservoirs on natural GHG emissions, to obtain a better understanding of current methodologies and to help to overcome knowledge gaps. An important milestone was reached in 2010, with the publication of the "*GHG Measurement Guidelines for Freshwater Reservoirs*", a pioneering document that describes standardised procedures for field measurements and estimation of the impact of the creation of a reservoir on GHG emissions. These Guidelines put together the main products developed by the UNESCO/IHA GHG Research Project, using a consensus-based, scientific approach and an intensive international collaborative initiative. The report set the basis for the next stages of the research and for the application of the agreed protocols in the field. The methodology presented in the Guidelines is applicable for all reservoirs in all climate types. IHA's intention is to use the results to develop predictive tools, thereby reducing the necessity of intensive field measurements in the future.

Finally, it's worth mentioning the research work completed and published in 2011 in "*Nature Geoscience*" (Reference 48). This research compiled the largest data set on greenhouse gas emissions from hydroelectric reservoirs available to date. Data was collected from 85 hydroelectric reservoirs across the globe. The data was collected and examined by an international team of scientists. The analyses concluded that the evaluated systems emit about 1/6 of the carbon dioxide and methane previously attributed to them.

4. DEVELOPPEMENT DE L'HYDROÉLECTRICITÉ

L'influence de l'exploitation du potentiel hydroélectrique des pays sur leur développement est largement reconnue.

Une première tentative intéressante de corrélation entre le développement de l'hydroélectricité et certains indices de développement a été présentée dans la Référence 47, examinant la corrélation entre le pourcentage de potentiel hydroélectrique développé dans les pays d'Amérique latine et l'« indice de développement humain » (voir la Figure 4.1). Cet indice, utilisé pour classer les pays par niveau de développement humain, est un moyen standard de mesurer le bien-être (mesure comparative de l'espérance de vie, de l'alphabétisation, de l'éducation et du niveau de vie). La corrélation montrée dans le graphique indique l'influence de l'exploitation du potentiel hydroélectrique sur le développement des pays. Les pays qui ont eu la possibilité de développer leur potentiel hydroélectrique se trouvent désormais dans une meilleure position en matière de développement. Dans la Référence 52, cette analyse a été étendue à d'autres pays. Une relation étroite a été confirmée, comme le montre la Figure 4.2.

Cependant, un tiers seulement des ressources hydroélectriques potentielles de la planète ont déjà été mises en valeur. Alors qu'en Europe et en Amérique du Nord, la majeure partie du potentiel hydroélectrique réalisable sur les plans technique et économique a été exploitée, un important potentiel hydroélectrique non exploité est disponible en Asie, où la production actuelle représente moins du tiers du potentiel, et en Afrique, où le ratio est encore plus réduit. (Figure 4.3).

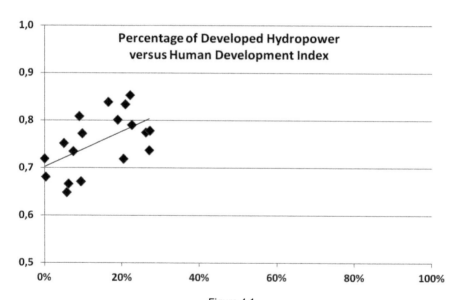

Figure 4.1
Indice de développement de l'hydroélectricité et du développement humain, dans les pays d'Amérique du Sud (données de la Référence 47)

Remarque: Le Paraguay n'est pas inclus dans la corrélation car l'existence d'Itaipu, dont l'énergie est principalement destinée au Brésil, fausserait sa position. L'Uruguay n'a pas non plus été pris en compte car il a développé presque tout son potentiel contre moins de 30% pour tous les autres pays.

4.   HYDROPOWER DEVELOPMENT

The influence of the exploitation of the hydro potential of countries on their development is widely recognized.

A first interesting attempt to correlate the hydropower development with some development indexes was presented in Reference 47, examining the correlation between the percentage of developed hydro potential in Latin America countries and the "Human Development Index" (see Figure 4.1). This index, used to rank countries by level of human development, is a standard mean of measuring well-being (a comparative measure of life expectancy, literacy, education and standards of living). The correlation shown in the graph indicates the influence of the exploitation of the hydro potential on the development of the countries. The countries that had the chance to develop their hydro potential are now in a better position as regards development. In Reference 52 this analysis was extended to other countries. A tight relation was confirmed, as pointed out in Figure 4.2.

However, only one third of the world's potential hydropower resources have so far been developed. While in Europe and North America most of technically and economically feasible hydropower potential has been harnessed, large unexploited hydropower potential is available in Asia, where the current production is less than one third of the potential, and in Africa, where the ratio is even smaller (Figure 4.3).

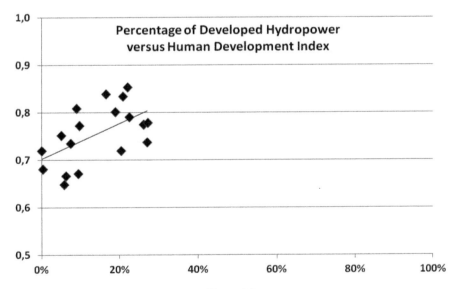

Figure 4.1
Hydropower Development and Human Development Index,
in South American Countries (data from Ref. 47)

Note: Paraguay not included in the correlation because the existence of Itaipu, whose energy is mostly destined to Brazil, would distort its position. Uruguay also not considered because it has developed almost its whole potential as compared with less than 30% for all other countries.

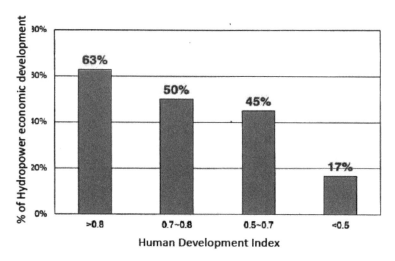

Figure 4.2
Développement de l'hydroélectricité et développement humain (d'après la Référence 52)

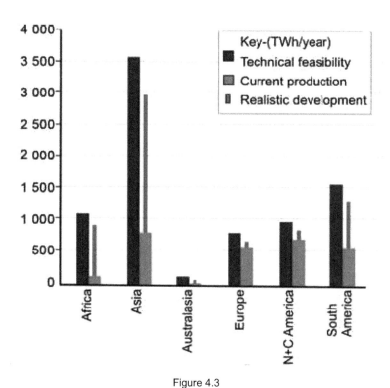

Figure 4.3
Potentiel hydroélectrique - réalisable vs exploité (d'après la Référence 10)

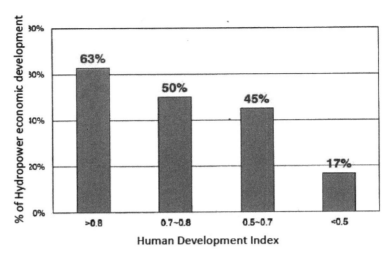

Figure 4.2
Hydropower Development and Human Development Index (from Ref. 52)

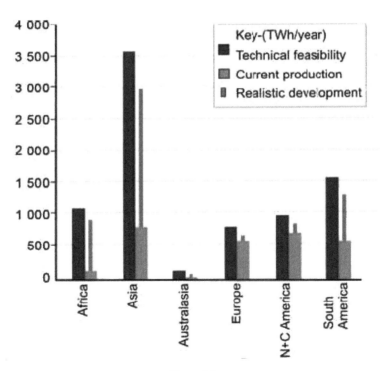

Figure 4.3
Hydropower potential – Feasible vs. Exploited (from Ref. 10)

4.1. OÙ LE POTENTIEL HYDROÉLECTRIQUE A ÉTÉ EXPLOITÉ

Dans la plupart des pays où le potentiel hydroélectrique a été intensivement équipé, le développement de l'hydroélectricité commença il y a un siècle et ainsi, beaucoup de barrages et d'usines sont vieillissants.

Ainsi, dans ces pays l'accent est mis sur :

- La maintenance de la sécurité et de la performance des barrages et réservoirs âgés,
- La gestion des nouvelles obligations et besoins et minimiser les impacts négatifs sur la production d'électricité,
- Optimiser les équipements existants.

a) Performance et sûreté des barrages et réservoirs existants

La modernisation des centrales hydroélectriques existantes est motivée et soutenue économiquement par la production hydroélectrique supplémentaire ou plus efficace qui en résulte. Toutefois, le maintien des barrages et des réservoirs existants dans des conditions sûres et efficaces peut nécessiter des travaux de remise en état importants et coûteux, en conflit avec les ressources économiques disponibles et avec la durée limitée des concessions.

Les problèmes les plus récurrents sont ceux liés à la durée de service considérable de nombreuses œuvres :

- Critères de conception de barrage obsolètes qui ne sont pas conformes aux exigences de conformité de la législation en vigueur ou à l'état de la technique.
- Des charges accrues ou supplémentaires résultant de critères de conception révisés (accélération sismique plus importante, inondation maximale plus importante, charges de sédimentation, etc.).
- Les critères de conception ne sont pas totalement compatibles avec les normes de sécurité plus exigeantes.
- Processus de vieillissement et de dégradation, notamment l'effet de réactions expansives dans le béton (réaction alcaline-silice ou réaction alcaline-agrégat). Cet effet constitue actuellement l'une des causes les plus importantes de détérioration des barrages en béton et des projets hydroélectriques (Référence 20). Cela pourrait entraîner des problèmes de sécurité du barrage et de bon fonctionnement des équipements de production.
- Encrassement des réservoirs, problèmes de bon fonctionnement des sorties et des prises d'air et imposition de charges supplémentaires aux structures.
    Les réservoirs hydroélectriques peuvent généralement être remplis par les sédiments à un pourcentage plus élevé que les réservoirs non hydroélectriques, car ils sont largement utilisés pour maintenir la tête pour la production d'énergie. Cependant, l'envasement reste un problème dans de nombreux cas nécessitant d'importants travaux d'élimination des sédiments.

En supposant que, en moyenne, les réservoirs d'hydroélectricité soient gravement touchés par un niveau de sédimentation de 80%, le Comité CIGB sur la sédimentation a mis en évidence que ce niveau critique de sédimentation se produirait, par région, comme indiqué dans le Tableau 4.1 suivant (Référence 21) :

4.1.   WHERE THE HYDROPOWER POTENTIAL HAS BEEN EXPLOITED

In most of the countries where the hydro potential has been extensively harnessed the hydropower development started one century ago and many dams and plants are therefore old.

In these countries the focus is therefore on:

- maintaining ageing dams and reservoirs in a safe and efficient condition;
- managing new requirements and needs, minimizing the negative impact on power production;
- optimizing existing infrastructure.

a)   Safety and efficiency of the existing dams and reservoirs

The modernisation of existing hydropower plants is motivated and economically supported by the consequent additional or more efficient hydroelectric production. But maintaining existing dams and reservoirs in safe and efficient condition may require significant and expensive remedial works, conflicting with the available economic resources and limited duration of the concessions.

The most recurring problems are those related to the considerable length of service of many works:

- Obsolete dam design criteria which do not conform to current legislation compliance requirements or to the current state of the art.
- Increased or additional loads, arising from revised design criteria (larger seismic acceleration, larger maximum flood, sedimentation loads, etc.).
- Design criteria not fully compatible with current more demanding safety standards.
- Ageing and degradation processes, particularly the effect of expansive reactions within concrete (Alkali Silica Reaction or Alkali Aggregate Reaction). This effect currently accounts for one of the most significant causes of deterioration in concrete dams and hydro projects (Reference 20). It may give rise to shortcomings in both dam safety and proper working of the generation equipment.
- Silting of reservoirs, giving problems with the proper working of the outlets and intakes, and imposing additional loads on the structures.
    Hydropower reservoirs can generally be filled by sediments to a higher percentage than non-hydropower reservoirs, as they are largely used to maintain the head for power generation. However, silting remains a problem in many cases requiring significant works for sediment removal.

Assuming that, on average, hydropower reservoirs are severely impacted when they reach a sedimentation level of 80%, the ICOLD Committee on "Sedimentation" put in evidence that this critical sedimentation level will occur, per region, as indicated in the following Table 4.1 (Reference 21):

Tableau 4.1

Région	Barrages hydroélectriques : 80% rempli de sédiment	Barrages non hydroélectriques : 80% rempli de sédiment
Afrique	2100	2090
Asie	2035	2025
Australasie	2070	2080
Amérique Centrale	2060	2040
Europe et Russie	2080	2060
Moyen Orient	2060	2030
Amérique du Nord	2060	2070
Amérique du Sud	2080	2060

En plus des problèmes affectant les barrages, les réservoirs et les usines, la plupart des pays où la construction de barrage est en baisse, sont confrontés au problème du maintien des compétences en hydroélectricité et ingénierie des barrages et de transfert des connaissance et expériences aux jeunes générations.

b) Exigences et objectifs supplémentaires

Pendant la durée de vie des barrages hydroélectriques et des réservoirs, le système est soumis à de nouvelles exigences, qui viennent s'ajouter à la fonction hydroélectrique d'origine. Ceux-ci incluent : la protection contre les inondations, l'irrigation et l'approvisionnement en eau potable, le rejet dans des conditions environnementales minimales, les loisirs et le développement du tourisme, l'habitat humide, pour ne citer que quelques exemples. Ces nouveaux besoins introduisent des limitations et des contraintes dans l'utilisation de l'eau qui entrent souvent en conflit avec l'optimisation de la production d'électricité.

Le déversement continu d'eau dans le but d'assurer un écoulement environnemental riverain minimal et d'améliorer l'écologie en aval est un exemple des nouvelles exigences qui peuvent s'appliquer à la plupart des barrages. Ces nouvelles exigences en matière de stockage peuvent réduire considérablement la production d'énergie électrique à l'échelle nationale. En conséquence, la fourniture de nouvelles mini-turbines hydroélectriques à produire en décharge continue suscite beaucoup d'intérêt pour atténuer les effets de cette perte de stockage.

L'utilisation des barrages et des réservoirs existants pour gérer et contrôler les écoulements et protéger les zones urbanisées en aval des grandes inondations est une exigence supplémentaire fréquemment attendue des barrages et des réservoirs d'hydroélectricité. Un exemple significatif est l'utilisation pour l'atténuation des inondations des réservoirs hydroélectriques situés dans le bassin du fleuve Paraná, au Brésil (Référence 22). Dans ce bassin, il existe un grand système de réservoir intégré (46 réservoirs), d'une capacité installée supérieure à 45 000 MW, incluant la part du Paraguay dans Itaipu. Au début, la plupart des réservoirs ont été conçus uniquement à des fins hydroélectriques. Les exigences de protection contre les inondations n'étaient pas prises en compte à ce moment-là. Plus récemment, une législation de contrôle des inondations a été mise en place pour toutes les centrales hydroélectriques afin de réduire les inondations affectant les zones en aval. Des contraintes maximales de débits ont été définies pour chaque réservoir et un système de prévision des crues a été mis au point via la télémétrie et la météorologie. Cela a entraîné des avantages sociaux et économiques grâce à la réduction des impacts des inondations dans les zones en aval. Un compromis entre le contrôle des inondations et la production d'énergie a donc été fait, car pour la production d'énergie électrique, il serait souhaitable de conserver les réservoirs à leur capacité maximale.

Table 4.1

Region	Hydropower dams: Date 80% filled with sediment	Non-hydropower dams: Date 80% filled with sediment
Africa	2100	2090
Asia	2035	2025
Australasia	2070	2080
Central America	2060	2040
Europe and Russia	2080	2060
Middle East	2060	2030
North America	2060	2070
South America	2080	2060

In addition to the problems affecting dams, reservoirs and plants, most of the Countries where dam construction is diminishing have to face the problem of maintaining and preserving the hydropower and dam engineering professional expertise and ensuring that knowledge and experience are passed on to future generations.

b)   Additional requirements and purposes

During the operating life of hydroelectric dams and reservoirs new demands are made on the system, additional to the original hydroelectric purpose. These include flood protection, irrigation and potable supply, discharge for minimum environmental flow, recreational purposes and tourism development, wet land habitat, to name a few. These new needs introduce limitations and constraints in the use of the water often conflicting with the optimization of power production.

Continuous water discharge to assure minimum riparian environmental flow and to improve the downstream ecology is an example of new demands that can apply to most dams. Such new demands on the storage can reduce the electrical power production by a significant amount on the national scale. As a result, provision of new mini-hydro turbines to generate on the continuous discharge is receiving much interest to mitigate the effect of such storage loss.

The use of existing dams and reservoirs to manage and control runoff flows and protect downstream urbanized areas from large floods is an additional requirement frequently expected of hydropower dams and reservoirs. A significant example is the use for flood mitigation of the hydroelectric reservoirs located in the Paraná River basin, in Brazil (Reference 22). In this basin there is a large integrated reservoir system (46 reservoirs), having an installed capacity larger than 45 000 MW, including the Paraguayan share of Itaipu. Initially most of the reservoirs were designed for hydroelectric purposes only. Flood protection requirements were not considered at that time. More recently flood control legislation was established for all hydropower plants, to reduce the floods impacting downstream areas. Maximum outflow constraints were set for each reservoir and a flood-forecast system was developed via use of telemetry and meteorology. This entailed social and economic benefits through the reduction of flood impacts in the downstream areas. A trade-off between flood control and energy production was consequently made, since for electric power production it would be desirable to keep the reservoirs at their maximum capacity.

c)   Tirer le meilleur parti de l'infrastructure existante

Là où la majeure partie du potentiel hydroélectrique a été exploitée et que le développement futur est limité à une contribution plutôt marginale, l'accent n'est pas actuellement mis sur la construction de nouveaux barrages, mais plutôt sur l'exploitation des barrages existants pour exploiter au mieux les infrastructures existantes. Ceci est accompli grâce à diverses stratégies d'ingénierie, notamment :

- Moderniser les installations existantes et prolonger leur durée de vie afin de tirer parti de la longue durée de vie des structures civiles.
- Optimiser le rendement de la centrale pour répondre aux besoins du marché de l'électricité.
- Ajout de capacité pour une production supplémentaire lorsque des débits élevés sont disponibles.
- Ajout de petites installations hydroélectriques, pour générer le rejet avec un débit environnemental minimal.
- Ajout de capacités hydroélectriques sur les barrages non électriques.

La dernière option énumérée, l'ajout de capacités hydroélectriques à des barrages non électriques, est une option importante car la grande majorité des barrages dans le monde n'a pas de composant hydroélectrique. Ainsi, l'installation d'énergie hydroélectrique sur ces sites peut offrir un moyen de créer de nouvelles ressources énergétiques avec un impact minimal sur l'environnement.

Avec des incitations de plus en plus fortes pour la production d'énergie renouvelable, de nombreux propriétaires réexaminent les possibilités de récupérer l'énergie issue du transfert d'eau. L'industrie hydroélectrique propose désormais une gamme d'équipements adaptés à ces types de projets.

d)   Développement des énergies renouvelables intermittentes

En raison de la prise de conscience croissante des émissions de gaz à effet de serre, la production d'énergie éolienne a récemment considérablement augmenté dans de nombreux pays développés et joue désormais un rôle important dans les systèmes électriques de ces pays. Mais le vent est par nature stochastique, l'énergie éolienne est produite indépendamment de la demande, et l'énergie éolienne est contrainte si les vents sont trop doux ou trop forts. Par conséquent, il ne peut pas répondre à la demande d'électricité de la société. La capacité de stockage des centrales hydroélectriques (notamment des centrales de stockage à pompe, voir par. 3.1) peut être avantageusement utilisée dans ce contexte. Le développement extensif des énergies renouvelables intermittentes « non programmables » accroît le besoin d'installations de stockage par pompage. Ceci est clairement démontré par une étude récente sur le marché européen des installations de stockage à pompe (Référence 49). Cela indiquait le programme de construction majeur qui sera mis en œuvre en Europe pour les nouvelles installations de stockage à pompage, afin de compléter la production accrue de sources renouvelables, en particulier éoliennes.

En moyenne, les installations de stockage à pompe européennes ont plus de 30 ans. Les deux tiers d'entre elles ont été construites entre 1970 et 1990 et seules 15 usines ont été construites entre 1990 et 2010. Toutefois, comme le montre la figure 4.4, davantage d'installations de stockage à pompage seront construites en Europe au cours des dix prochaines années précédentes. La plupart des plus grandes centrales seront construites dans des pays dotés d'une grande part d'énergie éolienne ou dans des pays voisins présentant des conditions topographiques appropriées.

c) Getting the most out of existing infrastructure

Where most of the hydro potential has been harnessed and further development is limited to rather marginal contribution, the current focus is not on building new dams but rather tapping existing ones for their hydroelectric potential and getting the most out of existing infrastructure. This is accomplished through a variety of engineering strategies including the following:

- Upgrading existing schemes and extending their operational life to take advantage of the long life of the civil structures.
- Optimizing the output of the plant to meet the needs of the power market.
- Adding capacity for extra generation when high flows are available.
- Adding small hydro facilities, to generate the discharge for the minimum environmental flow.
- Adding hydropower capabilities at non-power dams.

The last listed option, addition of hydropower capabilities at non-power dams, is an important option because the large majority of the dams in the world do not have a hydroelectric component. So, installing hydro power at these sites can offer a way to create new energy resources with minimal environmental impact.

With increasing incentives for the production of renewable energy, many owners are revisiting the possibilities of recovering energy from the transfer of water. The hydropower industry now offers an array of equipment suitable for these types of schemes.

d) Development of intermittent renewable energy

In many developed countries wind power generation has recently increased substantially, due to the increasing awareness about greenhouse gas emissions, and it now plays a significant role in the electricity systems of these countries. But wind by its nature is stochastic, wind power is produced independent of the demand, and wind power is constrained if winds are too gentle or too strong. Therefore, it cannot accommodate societal electricity demand. The storage capacity of hydroelectric plants (particular by pumped storage plants, see par. 3.1) can be used to advantage in this context. The extensive development of intermittent "non programmable" renewable energy is increasing the need for pumped storage plants. This is clearly evidenced by a recent survey on the European market for pumped storage plants (Reference 49). This pointed out the major construction program that is going to be implemented in Europe for new pumped storage plants, to complement the increased production from renewable sources, in particular wind.

On average, European pumped storage plants are older than 30 years. Two-thirds of them were built between 1970 and 1990, and only 15 plants were built between 1990 and 2010. But, as shown in Figure 4.4, more pumped-storage plants will be constructed in Europe in the next 10 years than in any other previous decade. Most of the largest plants will be constructed in countries with large shares of wind energy, or in neighboring countries with appropriate topographical conditions.

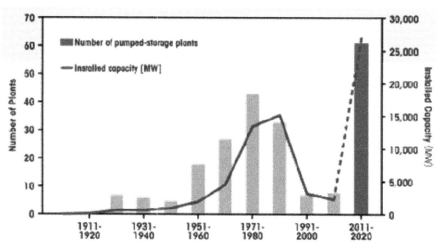

Figure 4.4
Construction de stockage par pompage en Europe,
par décennie (d'après la Référence 49)

Remarque: La plus grande capacité de stockage par pompage en Europe a été construite dans les années 1970 et 1980, avec une baisse significative dans la construction entre 1991 et 2010. Toutefois, la construction de réservoirs à stockage par pompage devrait connaître un essor considérable cette année avec plus de 25 000 MW installés.

4.2. OU LE POTENTIEL D'HYDROPOWER DOIT ÊTRE EXPLOITÉ

Parmi les pays ayant un important potentiel hydroélectrique à développer, en Asie et en Amérique du Sud, le développement est conduit par les pays leaders à forte croissance économique (Chine, Brésil, Inde, etc.).

En Asie orientale, le pourcentage de personnes ayant accès à l'électricité est similaire à celui des pays les plus développés, mais dans d'autres parties de l'Asie, de nombreux pays (Afghanistan, Népal, Cambodge, Myanmar, Corée du Nord, etc.) beaucoup plus bas. Indépendamment des efforts remarquables et des projets importants en cours pour le développement de nouvelles capacités hydroélectriques, seulement environ 20% du potentiel hydroélectrique a été développé en Asie. En Afrique, où 65% de la population n'a pas accès à l'électricité et où les besoins sont par conséquent très pressants, seule une très petite partie du potentiel hydroélectrique a été exploitée.

Au cours de la dernière décennie, après une période de graves difficultés et litiges, plusieurs déclarations importantes ont été adoptées en faveur de l'hydroélectricité :

Au Forum Mondial de l'Eau à Kyoto en 2003, l'effort le plus significatif concernant le réchauffement climatique, la Déclaration des 170 pays stipulait : *Nous reconnaissons le rôle de l'hydroélectricité comme l'une des sources d'énergie propre et renouvelable, et que son potentiel doit être réalisé dans le respect durable de l'environnement et des impacts sociaux.*

La déclaration adoptée en 2004 à la Conférence Internationale pour les énergies renouvelables a reconnu que les énergies renouvelables, hydroélectricité incluses, combinées avec l'amélioration de l'efficacité énergétique, peut contribuer au développement durable, permettre l'accès à l'énergie et limiter les émissions de gaz à effets de serre.

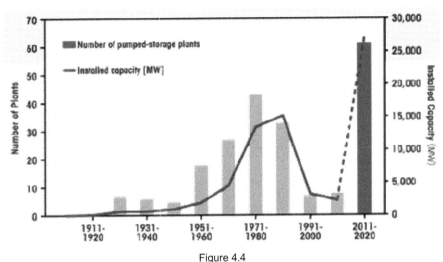

Figure 4.4
Pumped Storage Construction in Europe, by decade (from Ref. 49)

Note: The largest capacity of pumped-storage in Europe was built in the 1970s ans 1980s, with a significant decrease in construction from 1991 to 2010. However, pumped-storage construction is expected to boom this decade, with more than 25,000 MW installed.

4.2. WHERE LARGE HYDROPOWER POTENTIAL HAS STILL TO BE EXPLOITED

Among the countries with a large hydro potential still to be developed, in Asia and in South America the development is driven by leading countries with strong economic growth (China, Brazil, India, etc.).

In Eastern Asia the percentage of people with access to electricity is similar to that of the most developed countries, but in other parts of Asia there are many countries (Afghanistan, Nepal, Cambodia, Myanmar, North Korea, etc.) where this percentage is much lower. Regardless of stellar efforts and significant projects that are in progress for the development of new hydro capacity, only about 20% of hydropower potential has been developed in Asia. In Africa, where 65% of the population do not have access to electricity and the needs are consequently very urgent, only a very small amount of the hydroelectric potential has been harnessed.

In the last decade, after a period of serious difficulties and disputes, several important declarations have been adopted in favour of hydropower:

At the World Water Forum in Kyoto 2003, the most substantial effort to address the global warming problem, the Declaration of 170 Countries stated: '"We recognise the role of hydropower as one of the renewable and clean energy sources, and that its potential should be realised in an environmentally sustainable and socially equitable manner"'.

The 2004 Political Declaration adopted at the International Conference for Renewable Energies acknowledged that renewable energies, including hydropower, combined with enhanced energy efficiency, can contribute to sustainable development, providing access to energy and mitigating greenhouse gas emission.

Lors du Symposium des Nations Unies sur l'énergie hydraulique et le développement durable, tenu en 2004, les représentants des gouvernements nationaux et locaux, des services publics, des agences des Nations Unies, des institutions financières, des organisations internationales, des organisations non gouvernementales, de la communauté scientifique et d'associations industrielles internationales ont fait une déclaration ferme. en faveur de l'hydroélectricité. De nombreux points clés importants sont clairement énoncés dans cette déclaration, parmi lesquels :

- La reconnaissance de la contribution de l'hydroélectricité au développement et l'accord sur le fait qu'il est possible d'exploiter le potentiel important qui reste pour apporter des avantages aux pays en développement et aux pays en transition en transition;
- La nécessité de développer l'hydroélectricité, ainsi que la réhabilitation des installations existantes et l'ajout de l'hydroélectricité aux systèmes de gestion de l'eau actuels et futurs;
- L'importance d'une approche intégrée, étant donné que les barrages hydroélectriques peuvent souvent remplir de multiples fonctions;
- La reconnaissance des progrès accomplis dans l'élaboration de politiques, de cadres et de lignes directrices pour l'évaluation et l'atténuation des impacts environnementaux et sociaux, ainsi que l'appel à les diffuser.

Enfin, en 2008, l'Union africaine, l'Union des producteurs, transporteurs et distributeurs d'énergie électrique en Afrique, le Conseil mondial de l'énergie, la Commission internationale sur les grands barrages, ont approuvé la « Déclaration mondiale sur les barrages et l'hydroélectricité au service du développement durable de l'Afrique ». La Commission internationale de l'irrigation et du drainage et l'Association internationale de l'hydroélectricité.

Comme indiqué dans la présente Déclaration Mondiale, les conditions actuelles sont maintenant réunies pour le développement de l'énergie hydroélectrique en Afrique. Un nouvel engagement et une volonté politique existent aujourd'hui et d'autres projets sont en cours de développement, comme le montre clairement le graphique présenté à la Figure 4.5.

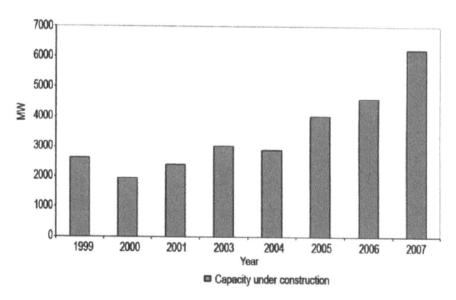

Figure 4.5
Tendance dans la construction d'hydroélectricité en Afrique (d'après la Référence 24)

At the 2004 United Nations Symposium on "Hydropower and Sustainable Development", the representatives of national and local governments, utilities, United Nations agencies, financial institutions, international organizations, non-government organizations, scientific community, international industry associations, made a strong Declaration in support of hydropower. Many important key points are clearly stated in this Declaration, among which are the following:

- the acknowledgement of the contribution made by hydropower to development, and the agreement that the large remaining potential can be harnessed to bring benefits to developing countries and to countries with economies in transition;
- the need to develop hydropower, along with the rehabilitation of existing facilities and the addition of hydropower to present and future water management systems;
- the importance of an integrated approach, considering that hydropower dams often can perform multiple functions;
- the acknowledgement of the progress made in developing policies, frameworks and guidelines for the evaluation and mitigation of environmental and social impacts, and the call to disseminate them.

Finally, in 2008 a "*World Declaration – Dams and Hydropower for African Sustainable Development*" has been approved by the African Union, the Union of Producers Transporters and Distributors of Electric Power in Africa, the World Energy Council, the International Commission on Large Dams, the International Commission on Irrigation and Drainage, and the International Hydropower Association.

As pointed out in this World Declaration, the current condition is now ripe for hydropower development in Africa. A new commitment and political will exist today and more projects are under development, as clearly shown by the graph reported in Figure 4.5.

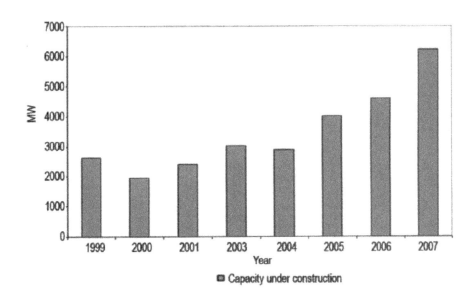

Figure 4.5
Trend in hydropower construction in Africa (from Ref. 24)

Les prêteurs internationaux soutiennent maintenant les barrages et les réservoirs, après une période d'investissement stagnant. Les prêts de la Banque mondiale à l'hydroélectricité ont atteint un point bas en 1999, comme le montre clairement la Figure 4.6, à la suite du débat animé sur les préoccupations environnementales et sociales et de l'évaluation critique du rôle de l'hydroélectricité. Ce débat a stimulé l'évaluation de l'hydroélectricité acceptable en tenant compte des principes fondamentaux du développement durable (l'approche des « trois objectifs »: sociale, environnementale et économique).

La « Stratégie du secteur des ressources en eau », approuvée par le Conseil du Groupe de la Banque Mondiale en 2003, soulignait la nécessité d'investir de manière significative dans les infrastructures hydrauliques dans les pays en développement. Référence 25, Référence 26 et Référence 27). Selon les directives actuelles de la Banque mondiale, l'hydroélectricité est considérée comme un facteur essentiel de la sécurité énergétique, du changement climatique, de la sécurité de l'eau et de la coopération régionale (Référence 28).

Les prêts actuels du Groupe de la Banque Mondiale reflètent ce réengagement, comme le montre clairement le Figure 4.6. Le Groupe de la Banque Mondiale soutient désormais une gamme d'investissements dans l'énergie hydroélectrique, allant du petit cours d'eau au projet de réhabilitation et à usages multiples. Les projets au fil de l'eau représentent actuellement la plus grande partie du portefeuille, en valeur et en nombre de projets; les projets de stockage (24%) et de réhabilitation (28%) représentent la moitié restante du portefeuille.

Bien que de nombreuses ONG restent toujours critiques et prudentes, le développement de l'énergie hydroélectrique montre une ouverture croissante à la considération de la contribution potentielle de cette dernière à la satisfaction de la demande énergétique. Le W.W.F., par exemple, a inclus 400 GW d'hydroélectricité dans son récent scénario énergétique pour le changement climatique (Référence 29).

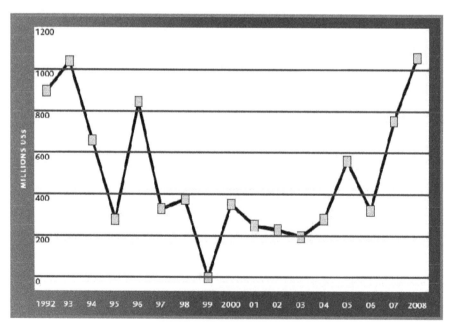

Figure 4.6
Prêts de la Banque mondiale pour l'hydroélectricité (d'après la Référence 25)

International lenders are now supporting dams and reservoirs, after a period of stagnant investment. World Bank lending for hydropower reached a low point in 1999, as clearly shown in Figure 4.6, as a consequence of the strong debate about the environmental and social concerns and the critical assessment of role of hydropower. This debate stimulated the evaluation of acceptable hydropower recognizing the core principles of sustainable development (the "three bottom lines" approach: social-environmental-economic).

The need of significant levels of investment in water infrastructure throughout the developing world was stated in the "Water Resources Sector Strategy" approved by Board of the World Bank Group (WBG) in 2003, and was supported in the subsequent WBG's Action Plan and Frameworks (Reference 25, Reference 26, and Reference 27). The current World Bank Directions states that hydropower is viewed as an integral factor in addressing energy security, climate change, water security, and regional cooperation (Reference 28).

The WBG's current lending reflects this re-engagement, as clearly shown in Figure 4.6. World Bank Group now supports a range of hydropower investments, from small run-of-river to rehabilitation and to multipurpose projects. Run-of-river projects currently account for the largest portion of the portfolio, in both value and number of projects; storage projects (24%) and rehabilitation projects (28%) account for the remaining half of the portfolio.

Although many NGOs still remain critical and cautious, with respect to hydropower development there is a growing openness towards considering hydropower's potential contribution to meeting energy demands. The W.W.F., for example has included 400 GW of hydropower in its recent energy scenario for climate change (Reference 29).

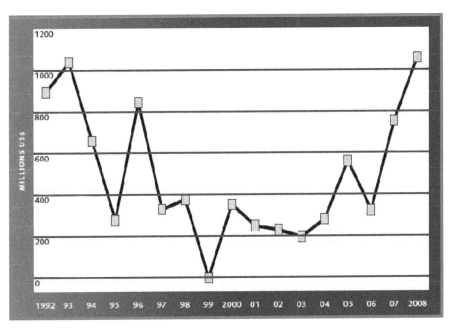

Figure 4.6
World Bank lending for hydropower (from Ref. 25)

a) *L'hydroélectricité dans la gestion intégrée des ressources en eau*

À l'heure actuelle, il ne serait peut-être pas acceptable de simplement maximiser les profits économiques d'un système hydroélectrique. À l'échelle mondiale, la gestion intégrée des ressources en eau fait l'objet d'une attention particulière, soulignant les multiples avantages des barrages et des réservoirs. Par conséquent, des liens plus étroits entre les ressources en eau et en énergie sont nécessaires, et le besoin croissant d'une gestion efficace de l'eau peut également être le moteur le plus efficace du développement de l'hydroélectricité.

En tant qu'infrastructure de ressources en eau bien planifiée, dans laquelle la conception et l'exploitation sont considérées à l'échelle du bassin versant, l'hydroélectricité peut aider les pays à gérer les inondations et les sécheresses et à améliorer l'allocation des ressources en eau parmi un ensemble complexe d'utilisateurs.

Les composantes hydroélectriques des barrages et des systèmes de stockage de l'eau tendent à avoir de meilleures performances financières que les projets d'irrigation associés, qui ne parviennent souvent pas à recouvrer leurs coûts d'exploitation et leurs coûts en capital. Ainsi, l'élément énergétique subventionne de manière croisée l'irrigation, la navigation, le contrôle des crues, etc. Aux États-Unis, ce type de subvention croisée faisait partie intégrante de la gestion du barrage de Grand Coulee dans le bassin du Columbia et du principal bassin hydrographique et plus largement sur les travaux d'aménagement de la Tennessee Valley Authority (Référence 50).

L'exemple de Kafue Flats, en Zambie, offre un autre bon exemple de l'importance d'un plan de gestion de l'eau mis en place avec la contribution de toutes les parties prenantes concernées (Référence 50). Kafue Flats constitue un riche habitat faunique qui assure la subsistance des populations locales lorsque les inondations se retirent à la fin de la saison des pluies. En 1978, le barrage Itezhi-tezhi a été construit pour stocker les débits de pointe de la saison humide afin de maximiser la production hydroélectrique du barrage hydroélectrique de Kafue Gorge, la principale source d'énergie de la Zambie. Le barrage d'Itezhi-tezhi a mis fin à l'inondation bénéfique de la saison des pluies dans les plaines de Kafue, touchant 300 000 habitants. En 1999, un projet a été lancé pour restaurer un écoulement plus naturel du barrage d'Itezhi-tezhi. Un plan de gestion intégrée des ressources en eau a été étudié et un accord a été conclu en 2004 entre tous les partenaires pour mettre en œuvre les nouvelles règles de fonctionnement du barrage. Les résultats à long terme devraient inclure une amélioration de la santé écologique des plaines de Kafue et des moyens de subsistance améliorés pour les populations locales, le développement d'une industrie du tourisme basée sur la faune sauvage et une capacité d'irrigation soutenue. Le potentiel de production hydroélectrique du barrage de Kafue Gorge devrait être maintenu ou augmenter.

Cet exemple montre qu'une gestion intégrée des ressources en eau fournit également un contexte dans lequel les impacts et la valeur réelle d'un barrage peuvent être évalués, en tenant compte de plusieurs objectifs, comprenant à la fois des avantages économiques et non économiques.

La mise en place d'une gestion efficace et intégrée des ressources en eau doit reposer sur un plan national stratégique. Pour les grands bassins hydrographiques touchant plusieurs pays, le niveau national risque de ne pas être approprié pour une planification appropriée. Les bonnes pratiques en matière de gestion des ressources en eau exigent une approche par bassin hydrographique, quelles que soient les frontières nationales. Dans ces cas, une coopération multinationale s'impose donc et revêt une importance capitale. Dans les marchés en développement, l'interconnexion entre les pays et la création de pools d'énergie renforceront la confiance des investisseurs.

a) *Hydropower in integrated water resources management*

Currently it may not be acceptable simply to maximize the economic profits of a hydroelectric scheme. There is now a major worldwide focus on integrated water resources management, highlighting the multiple benefits of dams and reservoirs. Therefore, closer linkages between water and energy resources are required, and the increasing need for an effective water management may also be the most effective driver for hydropower development.

As part of well-planned water resources infrastructure, in which design and operation are considered at the catchment scale, hydropower can help countries to manage floods and droughts, and improve water resources allocation across a complex set of users.

The hydropower components of dams and water storage schemes tend to perform better financially than associated irrigation projects, which often fail to recover operating and capital costs. Thus, the power element cross-subsidizes irrigation, navigation, flood control, etc. In the United States this kind of cross-subsidy was a planned part of the management of the Grand Coulee Dam in the Columbia River Basin and of the major river basin development works of the Tennessee Valley Authority (Reference 50).

The case history of Kafue Flats, in Zambia, offers another good example of the importance of a water management plan set up with the contribution of all the involved stakeholders (Reference 50). Kafue Flats is a rich wildlife habitat sustaining the livelihoods of local people when floods recede on the flats at the end of the wet season. In 1978 the Itezhi-tezhi dam was built to store wet season peak flows, to maximize hydropower production at the Kafue Gorge hydroelectric dam, Zambia's primary source of power. The Itezhi-tezhi dam ended the beneficial wet season flooding of Kafue Flats, adversely affecting 300 000 local people. In 1999 a project was initiated, to restore a more natural flow from the Itezhi-tezhi Dam. An integrated water resources management plan was studied, and an agreement was reached in 2004 among all the partners to implement new dam operating rules. The long-term results are expected to include improved ecological health for Kafue Flats and improved livelihoods for local people, development of a wildlife-based tourism industry and sustained irrigation capacity. The hydroelectric production potential of the Kafue Gorge Dam is expected to be maintained or to increase.

This example emphasizes that an integrated water resources management also provides a context in which the impacts and true value of a dam may be assessed, taking into account multiple objectives, including both economic and non-economic benefits.

The development of effective integrated water resources management must be based on a strategic national plan, and for large river basins affecting more than one country the national level may not appropriate for proper planning. Good practice in managing water resources demands a river basin approach, regardless of national borders. In these cases, multinational cooperation is therefore called for and of paramount importance. In developing markets interconnection between countries and the formation of power pools will build investor confidence.

b) *Coopération internationale*

La coopération internationale est un élément clé du développement de l'énergie hydroélectrique dans de nombreux pays en développement et, récemment, la coopération internationale et régionale en matière de développement de l'hydroélectricité a augmenté. Par exemple, des entreprises de certains pays asiatiques ayant une grande expérience du développement hydroélectrique, telles que la Chine et l'Iran, investissent dans des projets en Afrique. En Asie du Sud et de l'Est, un certain nombre de développements binationaux sont en cours, fondés sur des accords d'achat d'électricité, permettant à certains pays moins développés de tirer des avantages économiques de l'exportation de leur production hydroélectrique afin de déclencher son développement. Le projet Nam Theun, au Laos, en est un exemple clair : l'essentiel de l'énergie ira du Laos à la Thaïlande.

En Afrique, la coopération internationale pour la mise en valeur des ressources en eau partagées revêt une importance majeure, compte tenu du fait que l'Afrique compte 61 fleuves partagés internationaux, dont les bassins couvrent environ 60% de la surface du continent. À titre d'exemple, le projet de pool énergétique d'Afrique de l'Ouest est le véhicule destiné à assurer un approvisionnement stable en électricité aux pays membres de la Communauté économique des États de l'Afrique de l'Ouest, à commencer par quatre pays membres, à savoir le Niger, le Ghana, le Bénin et le Togo. La première phase du projet consiste en une ligne de transmission de 70 km reliant le Nigéria à la République du Bénin (Référence 30).

Le projet Grand Inga, sur le fleuve Congo, est un excellent exemple du potentiel énorme des pays en développement et de la nécessité d'une coopération internationale forte pour le développer en Afrique. Le projet est en discussion depuis longtemps, les premières études étant réalisées dans les années soixante. Tel que proposé, le projet devrait avoir une capacité installée proche de 40 000 MW et une capacité de production estimée à plus de 280 TWh / an, avec un coût très faible de l'énergie produite. En outre, les impacts environnementaux estimés sont faibles, en particulier par rapport aux avantages environnementaux du projet. Grand Inga pourrait économiser plus de 100 millions de tonnes de combustibles fossiles chaque année. L'énorme capacité de production est le résultat de l'énorme débit annuel moyen (40 000 m^3 / s) et du fait que le fleuve tombe de près de 100 m en seulement 13 km. Le site occupe une position centrale sur le continent africain, ce qui permet de desservir une population importante de la région.

4.3. POLITIQUES ET PROGRAMMES

Définir la politique énergétique et créer les conditions nécessaires au développement des énergies renouvelables relève de la compétence des gouvernements nationaux. Les gouvernements nationaux peuvent également convenir d'harmoniser ou de coordonner leurs politiques avec celles adoptées par d'autres pays dans le cadre d'une communauté de pays (telle que l'Union européenne), afin d'accroître la cohérence et l'efficacité de leurs politiques énergétiques respectives.

Différentes mesures sont disponibles pour promouvoir le développement des énergies renouvelables sur le marché de la production d'électricité, notamment :

- Des politiques de marché obligatoires, qui fixent des quantités obligatoires sous forme de quotas ou de prix obligatoires tels que des tarifs de rachat garantis.
  Les appels d'offres concurrentiels pour des concessions d'énergie renouvelable et des certificats négociables d'énergie verte sont également considérés comme des politiques de marché obligatoires.
- Incitations financières, axées sur l'amélioration de la compétitivité des technologies des énergies renouvelables : subventions d'équipement, crédits d'impôt à l'investissement / production, exonérations d'impôt foncier, réductions de la taxe de vente, etc.
  Les taxes sur les combustibles fossiles améliorent également la position concurrentielle des énergies renouvelables et sont particulièrement appropriées pour internaliser les effets externes négatifs sur la sécurité environnementale ou énergétique.
- Investissements publics préférentiels pour les énergies renouvelables dans les marchés publics, les projets d'infrastructure, etc., qui associent une stimulation de la croissance des énergies renouvelables à des programmes de développement.

b)   *International cooperation*

International cooperation is a key element for the development of hydropower in many developing countries, and in recent times international and regional cooperation has increased for hydropower development. For example, companies from some Asian countries with major experience in hydro development, such as China and Iran, are investing in schemes in Africa. In South and East Asia a number of bi-national developments are moving ahead, based on power purchase agreements, enabling some of the less developed countries to gain economic benefits from exporting their hydropower production to trigger its development. The Nam Theun project, in Laos, is a clear example: most of the power will go from Laos to Thailand.

In Africa international cooperation in the development of shared water resources is of major importance, considering that Africa has 61 international shared rivers, whose basins cover about 60% of the surface of the continent. As an example, the West Africa Power Pool Project is the vehicle designed to ensure the stable supply of electricity to member countries of the Economic Community of West Africa States, beginning with four member nations, namely Niger, Ghana, Benin and Togo. The first phase of the project is a 70 km transmission line linking Nigeria to the Republic of Benin (Reference 30).

An excellent example in Africa of the tremendous potential available in developing countries, and the need of strong international cooperation to develop it, is the Grand Inga project, on the Congo River. The project has been under discussion for a long time, the first studies being carried out in the 1960's. As proposed, the project should have an installed capacity close to 40 000 MW and an estimated production capacity of more than 280 TWh/year, with a very low cost of the generated energy. In addition, the estimated environmental impacts are low, particularly when compared with the environmental benefits of the project. Grand Inga could save more than 100 million tons of fossil fuel each year. The huge generating capacity is a result of the huge average annual flow ($\sim$40 000 m^3/s) and the fact that the river drops almost 100 m in just 13 km. The site is centrally positioned on the African continent, thus making it feasible to serve a large regional population.

4.3.   POLICIES AND PROGRAMS

Defining energy policy and creating the conditions for renewable energy development is in the competence of the national governments. National governments can also agree to harmonise or coordinate their policies with those undertaken by other countries in the framework of a community of countries (such as the European Union), in order to increase coherence and effectiveness of their individual energy policies.

Different measures are available to promote the development of renewable energy in the electricity generation market, including:

- Mandated market policies, which set mandatory quantities in the form of quotas or mandatory prices such as feed-in tariffs.
    Competitive bidding for renewable energy concessions and green energy tradable certificates are also considered to be mandated market policies.
- Financial incentives, focused on improving the competitiveness of renewable energy technologies: capital grants, investment/production tax credits, property tax exemptions, sales tax rebates, etc.
    Taxes on fossil fuels also improve the competitive position of renewable energy and are particularly appropriate to internalize negative external effects on environmental or energy security.
- Preferential public investments for renewable energies in government procurement, infrastructure projects, etc., which combine renewable energy growth stimulation with development programs.

L'Agence internationale de l'énergie, avec le soutien de la Commission européenne, fournit une « base de données mondiale sur les politiques et les mesures relatives aux énergies renouvelables », qui couvre actuellement plus de 100 pays et classe les mesures en fonction de 14 technologies différentes et de 24 types de politiques. La base de données comprend des mesures dans les pays membres de l'AIE, ainsi que des membres de la Coalition pour l'énergie renouvelable de Johannesburg (JREC), et le Brésil, la Chine, l'Union européenne, l'Inde, le Mexique, la Russie et l'Afrique du Sud. Contenant plus de 1 000 enregistrements remontant à 2 000 et même avant, la base de données constitue une excellente source d'informations pour aider les décideurs, les experts en politiques et les chercheurs, ainsi que des informations pratiques au monde des affaires et au grand public.

Des objectifs stratégiques pour les énergies renouvelables ont été définis, complétés et révisés dans un certain nombre de pays, sur la base des objectifs environnementaux définis dans le protocole de Kyoto. À titre d'exemple, la directive de l'Union européenne en 2001 sur la promotion des énergies renouvelables dans la production d'électricité fixe des objectifs aux États membres et au niveau européen. Les objectifs sont conçus en fonction des objectifs d'atténuation du changement climatique et de respect des engagements européens vis-à-vis du protocole de Kyoto. L'UE n'applique pas ces objectifs de manière stricte, mais les progrès des États membres sont contrôlés et des objectifs pour ceux qui n'atteignent pas leurs objectifs peuvent être proposés.

Quoi qu'il en soit, une analyse comparative des politiques de promotion dans 35 pays, achevée en 2008 par l'Agence internationale de l'énergie (Référence 32), a conclu que « seuls un nombre limité de pays ont mis en œuvre des politiques de soutien aux énergies renouvelables et qu'il existe un grand potentiel ».

a) **Marché du crédit carbone**

L'échange de droits d'émission est une approche basée sur le marché (également appelée « limite et échange ») qui incite à réduire les émissions de polluants. Les échanges de droits d'émission de carbone visent spécifiquement la réduction du dioxyde de carbone (CO_2) et constituent actuellement l'essentiel des échanges de droits d'émission.

Dans le cadre de ces échanges, une autorité centrale a fixé une limite à la quantité de polluant pouvant être émise (le « plafond »), généralement réduite au fil du temps dans le but de réduire les émissions. Le plafond est attribué aux entreprises sous forme de permis d'émission (« crédits »). Les entreprises qui doivent augmenter leurs émissions doivent acheter des permis à ceux qui en ont moins besoin. Ainsi, l'acheteur paie des frais pour polluer, tandis que le vendeur est récompensé pour avoir réduit ses émissions.

Dans le Protocole de Kyoto, la plupart des pays développés ont convenu d'objectifs juridiquement contraignants en ce qui concerne leurs émissions de gaz à effet de serre et des quotas d'émission ont été convenus par chaque pays participant.

Pour permettre aux pays industrialisés d'obtenir des crédits de réduction des gaz à effet de serre afin d'atteindre leurs objectifs de réduction des émissions, le Protocole de Kyoto prévoit trois mécanismes :

- Échange international de droits d'émission : les pays peuvent échanger leurs valeurs sur le marché international des crédits de carbone afin de couvrir le déficit de quotas.
- Mise en œuvre conjointe : un pays développé ayant des coûts relativement élevés de réduction des émissions de gaz à effet de serre au niveau national mettrait en place un projet dans un autre pays développé.
- Mécanisme de Développement Propre (MDP) : un pays développé peut « parrainer » un projet de réduction des gaz à effet de serre dans un pays en développement où le coût du projet est généralement beaucoup moins élevé, mais les effets de l'atmosphère sont globalement équivalents. Les pays développés se verraient attribuer des crédits pour atteindre leurs objectifs de réduction des émissions, tandis que les pays en développement bénéficieraient des investissements en capital et des technologies propres.

The International Energy Agency, with support from the European Commission, provides a *"Global Renewable Energy Policies and Measures Database"*, which currently covers more than 100 countries and categorises the measures according to 14 different technologies and 24 policy types. The database includes measures in IEA member countries, together with members of the Johannesburg Renewable Energy Coalition (JREC), and Brazil, China, the European Union, India, Mexico, Russia and South Africa. Containing more than 1000 records dating back to 2000 and even earlier, the database provides an excellent source of information to support decision makers, policy experts and researchers, as well as providing practical information to the business community and the broader public.

Policy targets for renewable energy have been defined, supplemented and revised in a number of countries, based on the environmental targets defined in the Kyoto protocol. As an example, the directive issued in 2001 by the European Union for promoting renewables in electricity generation sets targets for individual member states and at European level. The targets are shaped following the objectives of climate change mitigation and ensuring the fulfilment of European commitments to the Kyoto protocol. The EU does not strictly enforce these targets, but the member states' progress is monitored, and targets for those who miss their goals can be proposed.

Regardless, a comparative analysis of the promotion policies in 35 countries, completed in 2008 by the International Energy Agency (Reference 32), concluded that "only a limited set of countries have implemented support policies for renewables, and there is a large potential for improvement".

a)   *Carbon Credit Market*

Emissions trading is a market-based approach (also known as "cap and trade") providing incentives for achieving reduction in the emission of pollutants. Carbon emissions trading is specifically addressed to the reduction of carbon dioxide (CO_2) and currently makes the bulk of emissions trading.

In this trading a central authority set a limit on the amount of the pollutant that can be emitted (the *"cap"*), usually lowered over time aiming toward emissions reduction. The cap is allocated to firms in the form of emission permits (*"credits"*). Firms that need to increase their emissions must buy permits from those who need fewer permits. So, the buyer pays a charge for polluting, while the seller is rewarded for having reduced emissions.

In the Kyoto Protocol most developed nations agreed to legally binding targets for their greenhouse gases emissions, and emission quotas were agreed by each participating country.

To enable industrialized countries to acquire greenhouse gas reduction credits to be used to meet emission reduction targets, the Kyoto Protocol provides for three mechanisms:

- International Emissions Trading: countries can trade in the international carbon credit market to cover their shortfall in allowances.
- Joint Implementation: a developed country with relatively high costs of domestic greenhouse reduction would set up a project in another developed country.
- Clean Development Mechanism (CDM): a developed country can 'sponsor' a greenhouse gas reduction project in a developing country where the cost of the project is usually much lower, but the atmospheric effect is globally equivalent. The developed country would be given credits for meeting its emission reduction targets, while the developing country would receive the capital investment and clean technology.

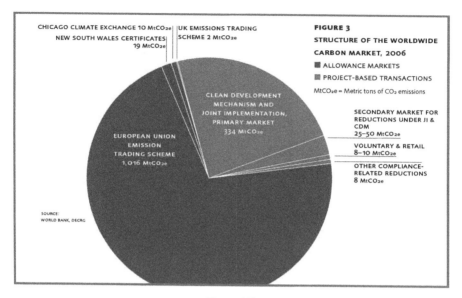

Figure 4.7
Marché mondial du carbone (d'après la Référence 33)

Par conséquent, la plupart des transactions de carbone dans le monde prennent actuellement l'une des deux formes suivantes (voir Figure 4.7) :

- Échange basé sur les quotas, dans lequel l'acheteur achète des quotas d'émissions créés et alloués par les régulateurs dans le cadre de régimes de « plafonnement et d'échange ». Ces échanges reposent principalement sur le système européen d'échange de quotas d'émission de l'Union européenne, le plus grand système multinational d'émissions, qui représente environ les deux tiers du marché mondial du carbone. Ce système commercial était déjà opérationnel lorsque le protocole de Kyoto est entré en vigueur; l'Union européenne a par la suite accepté d'intégrer les certificats du mécanisme flexible de Kyoto comme outils de conformité au sein de l'UE. Système d'échange de droits d'émission.
- Échange basé sur le projet, dans lequel l'acheteur achète des crédits d'émissions à un projet pouvant démontrer qu'il réduit les émissions de GES par rapport à ce qui se produirait autrement. La plupart des transactions basées sur des projets sont actuellement exécutées via le MDP.

Les projets doivent démontrer un haut niveau de durabilité. Des règles ont été spécifiées pour vérifier que le projet réduit davantage les émissions qu'il ne l'aurait été en son absence, que les réductions prévues ne seraient pas réalisées sans l'incitation fournie par les crédits de réduction des émissions et que le projet aboutissait à des résultats réels, quantifiables et mesurables et réduction des émissions à long terme.

Les projets couvrent un large éventail de secteurs et de technologies impliquant la production et la consommation d'énergie. L'hydroélectricité est la principale énergie renouvelable déployée par le MDP; environ 25% du nombre total de projets MDP enregistrés depuis 2004 sont des projets hydroélectriques (les catégories suivantes sont « Évitement du méthane », « Énergie éolienne » et « Énergie de la biomasse », chacune représentant 14–15% du total).

La Chine (plus de 60%), l'Inde (11%) et le Brésil (6%) sont les trois principaux pays d'accueil. Malgré les importantes ressources non développées de l'Afrique, très peu de projets hydroélectriques ont été enregistrés à ce jour.

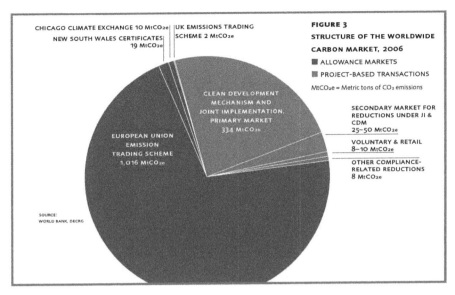

CHICAGO CLIMATE EXCHANGE 10 MtCO₂e | UK EMISSIONS TRADING
NEW SOUTH WALES CERTIFICATES | SCHEME 2 MtCO₂e
19 MtCO₂e

FIGURE 3

STRUCTURE OF THE WORLDWIDE
CARBON MARKET, 2006

■ ALLOWANCE MARKETS
■ PROJECT-BASED TRANSACTIONS

MtCO₂e = Metric tons of CO₂ emissions

CLEAN DEVELOPMENT
MECHANISM AND
JOINT IMPLEMENTATION,
PRIMARY MARKET
334 MtCO₂e

SECONDARY MARKET FOR
REDUCTIONS UNDER JI &
CDM
25–50 MtCO₂e

EUROPEAN UNION
EMISSION
TRADING SCHEME
1,016 MtCO₂e

VOLUNTARY & RETAIL
8–10 MtCO₂e

OTHER COMPLIANCE-
RELATED REDUCTIONS
8 MtCO₂e

SOURCE:
WORLD BANK, DECRG

Figure 4.7
Worldwide Carbon Market (from Ref. 33)

Consequently, most worldwide carbon transactions take currently one of the following two forms (see Figure 4.7):

- Allowance based trading, in which the buyer purchases emissions allowances created and allocated by regulators under "cap and trade" regimes. This trading is primarily driven by the European Union Emission Trading Scheme, the largest multi-national emission scheme, accounting for about two thirds of the worldwide carbon market. This Trading Scheme was already operational when the Kyoto Protocol came into force; the European Union later agreed to incorporate Kyoto flexible mechanism certificates as compliance tools within the E.U. Emission Trading Scheme.
- Project-based trading, in which the buyer purchases emissions credits from a project that can demonstrate that it reduces GHG emissions compared to what would happen otherwise. Most project-based trading is currently executed through the CDM.

CDM projects have to demonstrate a high level of sustainability. Rules have been specified to check that the project reduces emissions more than would have occurred in the absence of the project, that the planned reductions would not occur without the incentive provided by emission reductions credits, and that the project results in real, measurable, and long-term emission reductions.

CDM projects cover a wide array of sectors and technologies involving energy generation and consumption. Hydropower is the CDM's leading deployed renewable energy; about 25% of the total CDM projects registered since 2004 are hydropower projects (the next largest categories are "Methane avoidance", "Wind" and "Biomass energy", each with 14-15% of the total).

China (more than 60%), India (11%) and Brazil (6%) are the top three host countries. Despite Africa's large undeveloped resources, very few hydropower projects have been registered in Africa to date.

Cependant, au cours des dernières années, les critiques à l'encontre de ce mécanisme se sont multipliées. Les ONG ont critiqué l'inclusion de grands projets hydroélectriques dans les projets MDP, et le système d'échange de quotas d'émission de l'Union européenne a imposé certaines restrictions à la reconnaissance des projets dépassant 20 MW.

b) *L'influence des modèles de financement*

L'élaboration de modèles de financement appropriés et la définition d'un rôle optimal pour les secteurs public et privé constituent des défis majeurs pour le développement de l'hydroélectricité, comme indiqué et discuté clairement dans la référence 34. La tendance mondiale en matière de financement des projets d'infrastructure est inexorablement orientée vers la dépendance à l'investissement privé. Bien entendu, pour attirer les ressources du secteur privé, plusieurs conditions sont nécessaires : des politiques et des institutions fiables, des paiements adéquats des consommateurs d'énergie, des réglementations claires et stables pour le développement et l'exploitation de centrales hydroélectriques, des structures financières soutenant des projets de partenariat public-privé.

En général, les projets hydroélectriques privés sont développés sur une base BOT (construction, exploitation, transfert), le système revenant finalement au service public à la fin de la période de concession. Dans de tels arrangements, il est naturel qu'un concessionnaire privé adopte une perspective à court terme plus étroite qui peut être en conflit avec des intérêts plus larges.

Par exemple, de nombreux projets privés sont promus en tant que projets au fil de l'eau (pour faciliter le processus d'autorisation, pour minimiser la possibilité d'opposition liée à des préoccupations sociales et environnementales et pour favoriser la participation de bailleurs de fonds et d'agences de garantie), que le site pourrait être mieux développé en tant que projet de stockage offrant une production de meilleure qualité et des avantages potentiels multiples.

Du point de vue du bien public, les gouvernements doivent entreprendre des évaluations stratégiques et des études de faisabilité afin de développer un portefeuille de projets et d'identifier des sites de stockage de grande valeur. Quelle que soit la source ou les modalités de financement, le secteur public doit jouer un rôle important dans le développement de projets hydroélectriques. Bien que les arrangements varient d'un pays à l'autre et d'un projet à l'autre, le soutien du gouvernement hôte continuera d'influencer fortement la plupart des projets hydroélectriques futurs. Si l'investisseur privé doit être attiré, le secteur public doit être prêt à assumer certains des risques et à jouer un rôle important dans les projets.

However, in recent years, criticism against the mechanism has increased. NGOs have criticized the inclusion of large hydropower projects as CDM projects, and the European Union Emission Trading System has placed certain restrictions on the recognition of projects exceeding 20 MW.

b) *The influence of financing models*

The development of appropriate financing models and the definition of an optimum role for the public and private sectors are major challenges for hydropower development, as clearly pointed out and discussed in Reference 34. The global trend in the financing of infrastructure projects is inexorably directed towards increasing dependence on private investment. Of course, for the attraction of resources from the private sector several conditions are required: reliable policies and institutions, adequate payments from energy consumers, clear and stable regulations for developing and operating hydro plants, financial structures that support public-private partnership projects.

In general, private hydropower projects are developed on a BOT basis (build, operate, transfer), with the scheme eventually reverting to the utility at the end of the concession period. Under such arrangements it is natural that a private concessionaire takes a shorter-term and narrower perspective which may be in conflict with broader interests.

For example, many private projects are promoted as run-of-river schemes (to facilitate the authorization process, to minimize the possibility of opposition related to social and environmental concerns, and to favour the involvement of financiers and guarantee agencies), irrespective of whether the site might be better developed as storage project yielding higher quality production and possible multipurpose benefits.

From a public good perspective, governments need to undertake strategic assessments and feasibility studies in order to develop a pipeline of projects and identify high value storage sites. Irrespective of the source or arrangements for financing, the public sector must play an important role in the development of hydropower projects. Although the arrangements will vary from country to country and from project to project, the support of the host government will continue to have a strong influence on most future hydro projects. If the private investor is to be attracted, the public sector has to be prepared to assume some of the risks, and to play a large role in the projects.

5. DÉVELOPPEMENT DE L'ÉNERGIE MARÉMOTRICE

5.1. INTRODUCTION

L'énergie marémotrice constitue une source d'énergie pratiquement inépuisable et renouvelable. Bien qu'elle ne soit pas encore largement utilisée, l'énergie marémotrice a un potentiel considérable pour la production d'électricité. Aujourd'hui, une grande attention est accordée à l'énergie marémotrice, en raison de l'attention portée aux sources d'énergie renouvelables et propres (voir Référence 36).

L'aperçu des perspectives mondiales de développement de l'énergie marémotrice indique qu'un énorme potentiel rentable (de l'ordre de 1 000 TWh/an) pourrait être développé dans un avenir prévisible, avec des impacts environnementaux et sociaux minimaux par rapport à toute centrale électrique terrestre conventionnelle. à une telle échelle.

Cinq pays ont un potentiel de rentabilité énorme de l'ordre de 100 TWH / an ou plus : l'Australie, le Canada, la Chine, la France et la Russie. Au moins 10 autres pays ont un potentiel important : l'Argentine, les États-Unis, la Colombie, le Brésil, le Chili, le Royaume-Uni, l'Inde, le Bangladesh, le Myanmar et la Corée (Référence 37).

Par rapport aux énergies éolienne et solaire, l'énergie marémotrice a l'avantage d'être bien connue à l'avance. L'énergie marémotrice mensuelle restera la même tout au long de l'année et son approvisionnement annuel est beaucoup plus fiable que la plupart des centrales hydroélectriques traditionnelles. L'amplitude des marées varie sur deux semaines et l'énergie d'une semaine peut être trois fois supérieure à celle de l'autre. Le stockage optimal de l'énergie marémotrice ne se limite donc pas à une marée mais devrait être efficace pendant deux semaines.

Le potentiel de puissance d'un bassin de marée est proportionnel à la surface du bassin et au carré de l'amplitude moyenne de la marée. Les courants de marée dans les baies et les rivières constituent le moyen le plus efficace d'utiliser l'énergie des marées grâce à la construction de barrages antimarées à faible hauteur.

Le développement de l'énergie marémotrice a commencé dans les années soixante, avec l'usine de Rance en France (1966) et l'usine de Kislogubskaya en Russie (1968). Les coûts élevés de la construction de barrages traditionnels ont gravement entravé la construction de vastes zones de marée. Les centrales marémotrices ont des coûts d'investissement élevés et des coûts d'exploitation très bas. En conséquence, un programme d'énergie marémotrice risque de ne pas générer de rendement avant de nombreuses années et les investisseurs peuvent être réticents à participer à de tels projets en raison du délai qui s'écoule avant le retour de l'investissement et de l'engagement extrêmement irréversible. Cependant, de nouvelles solutions de conception et de nouvelles méthodes de construction contribuent à la réduction des coûts de construction et peuvent soutenir une utilisation plus large de l'énergie marémotrice à l'avenir (Référence 38).

De la même manière que les barrages conventionnels pour l'hydroélectricité, les systèmes de barrage pour l'énergie marémotrice sont affectés par de possibles problèmes environnementaux associés à la modification de très grands écosystèmes.

Les solutions suivantes peuvent être adoptées pour la production d'électricité à partir de l'énergie marémotrice :

- En utilisant l'énergie potentielle dans la différence de hauteur entre les grandes et les basses marées, au moyen de barrages situés sur toute la largeur d'un estuaire de marée;

5. TIDAL POWER DEVELOPMENT

5.1. INTRODUCTION

Tidal power offers a practically inexhaustible and renewable energy source. Although not yet widely used, tidal power has a significant potential for electricity generation. Today much attention is focusing on tidal energy, as a result of the strong attention to renewable and clean sources of energy (see Reference 36).

The overview of world prospects for tidal power development indicates that a huge cost-effective potential (in the order of 1 000 TWh/year) could be developed in the foreseeable future, with minimal environmental and social impacts compared with any conventional land-based power plants on such scale.

Five countries have a huge cost-effective potential in the range of 100 TWH/year or more: Australia, Canada, China, France, and Russia. At least 10 other countries have a significant potential: Argentina, the U.S., Colombia, Brazil, Chile, the U.K., India, Bangladesh, Myanmar and Korea (Reference 37).

Compared with wind and sun energies, tidal energy has the advantage of being well known in advance. Monthly tidal energy will remain the same throughout the year and its annual supply is much more reliable than most traditional hydropower. The tidal range varies over two weeks and the energy from one week may be three times the energy of the other. The optimum storage of tidal energy is therefore not limited to a tide but should be efficient over two weeks.

The power potential of a tidal basin is proportional to the surface area of the basin and to the square of the mean amplitude of the tide. Tidal flows in bays and rivers present the most effective way of utilizing tidal power through the construction of low-head tidal barrages.

The tidal power development began in sixties, with Rance plant in France (1966) and Kislogubskaya plant in Russia (1968). The construction of large tidal schemes has been severely restricted by the high costs of traditional dam construction (involving cofferdams). Tidal power plants have high capital costs and a very low running cost. As a result, a tidal power scheme may not produce returns for many years, and investors may be reluctant to participate in such projects due to the lag time before investment return and the high irreversible commitment. However, new design solutions and new construction methods are contributing to the reduction of construction costs and can support a more extensive use of tidal energy in the future (Reference 38).

Similarly, to conventional dams for hydropower, barrage systems for tidal power are affected by possible environmental problems associated with the modification of very large ecosystems.

The following solutions can be adopted for the generation of electricity from tidal energy:

- making use of the potential energy in the difference in head between high and low tides, by means of barrages located across the full width of a tidal estuary;

- Comme ci-dessus, mais en utilisant des lagunes de marée, évitant ainsi la fermeture complète d'un estuaire / d'une baie;
- Utiliser l'énergie cinétique de l'eau en mouvement au moyen de systèmes à courants de marée, de la même manière que les éoliennes qui utilisent de l'air en mouvement.

Des informations plus détaillées sont données ci-après sur les solutions utilisant les barrages.

5.2. LES BARRAGES POUR DES INSTALLATIONS MARÉMOTRICES

L'utilisation de barrages pour la production d'hydroélectricité à partir de l'énergie marémotrice implique la construction d'un barrage à travers une baie ou une rivière. Le barrage / digue génère une différence entre le niveau d'eau à l'intérieur et à l'extérieur du bassin et les turbines installées dans le barrage génèrent de l'énergie lorsque l'eau entre et sort du bassin de l'estuaire, de la baie ou de la rivière.

Les éléments de base d'un barrage sont, dans une configuration générale : des caissons (de très grands blocs de béton), des digues, des vannes, des turbines et des écluses. Les vannes, turbines et écluses sont installés dans des caissons.

Les digues fonctionneront à basse pression et des fuites pourraient être acceptables. Les charges dues aux vagues peuvent être plus importantes que celles de la charge différentielle et constituent une condition essentielle des méthodes de construction.

De nombreuses conceptions sont possibles, en fonction du matériel local disponible. Les digues peuvent être construites en utilisant :

- Des digues en enrochement avec protection de bloc de béton, conçues pour ne pas être dépassées. Des volumes importants de quantités d'enrochement peuvent être nécessaires et la conception doit prendre en compte les dispositions relatives à la perte d'infiltration et au contrôle.
- Des caissons préfabriqués en béton conçus pour non submersibles.
- Des digues traditionnelles de caissons en enrochement ou préfabriqués, conçues pour être submersible à marée haute, ainsi que des digues en granulats grossiers peu coûteux construits dans des eaux calmes à l'aide de grosses dragues.

a) Conception du bassin et principes d'exploitation

Certains points clés généraux sont les suivants :

- Tous les projets seront probablement sur le littoral; les projets en mer sont plus coûteux, avec des longues digues et un accès plus onéreux;
- Le coût et l'efficacité des turbines dépendent de la hauteur de charge moyenne et du mode d'exploitation (unidirectionnel, bidirectionnel);
- Le recours au pompage peut augmenter l'approvisionnement en énergie et la flexibilité des opérations, mais leur coût peut compenser cet avantage.

La solution classique pour une centrale marémotrice fait référence à un agencement de bassin unique. Il peut être utilisé selon un schéma « unidirectionnel » ou « bidirectionnel » (voir Figure 5.1):

- À sens unique : le bassin est rempli à travers les vannes jusqu'à la marée haute. Ensuite, les vannes sont fermées. (À ce stade, il peut y avoir "pompage" pour augmenter encore le niveau). Les portes des turbines sont maintenues fermées jusqu'à ce que le niveau de la mer descende afin de créer une hauteur de chute suffisante à travers le barrage, puis sont ouvertes de manière que les turbines produisent jusqu'à ce que la hauteur de différentiel soit à nouveau basse. Ensuite, les vannes sont ouvertes, les turbines déconnectées et le bassin est rempli à nouveau.

- as above, but using tidal lagoons, so avoiding a complete closure of an estuary/bay;
- making use of the kinetic energy of moving water by means of tidal stream systems, in a similar way to windmills that use moving air.

More detailed information is given hereinafter about the solutions making use of dams.

5.2.   DAMS FOR TIDAL POWER

The use of dams for the production of hydroelectricity from tidal energy involves building a barrage across a bay or river. The dam/dike generates a difference between the water level outside and inside the basin, and turbines installed in the barrage generate power as water flows in and out of the estuary basin, bay, or river.

The basic elements of a barrage are, in a general configuration: caissons (very large concrete blocks), dikes, sluices, turbines, and ship locks. Sluices, turbines, and ship locks are housed in caissons.

The dikes will operate at low heads and some leakage may be acceptable. The loads from waves may be larger than the loads from differential head and are a key condition for construction methods.

Many designs are possible, depending on available local material. Dykes may be constructed using:

- Rockfill dykes with concrete block protection, designed not to be overtopped. Significant volumes of rockfill quantities may be required and design must consider provision for seepage loss and control.
- Prefabricated concrete caissons designed not to be overtopped.
- Traditional breakwaters of rockfill or prefabricated caissons which are designed to be overtopped at high tides, along with wide low-cost granular fill dykes built in calm water by large sea dredges.

a)   *Basins Layout and operating schemes*

Some general key points are the following:

- all projects will probably be along shores; completely offshore projects are more expensive, with longer dykes and more expensive access;
- the cost and efficiency of the turbines depend on the average operating head and on the operation scheme (one-way, two-way);
- the use of pumping facilities may increase the energy supply and flexibility of operation, but their cost may offset this advantage.

The basic solution for a tidal power plant refers to a single basin layout. It can be operated according to "one-way" or "two-way" scheme (see Figure 5.1):

- *One-way*: The basin is filled through the sluices until high tide. Then the sluice gates are closed. (At this stage there may be "pumping" to raise the level further). The turbine gates are kept closed until the sea level falls to create sufficient head across the barrage, and then are opened so that the turbines generate until the differential head is again low. Then the sluices are opened, turbines disconnected, and the basin is filled again.

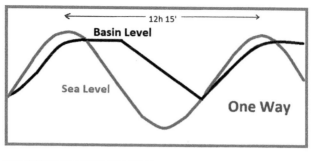

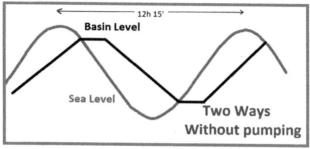

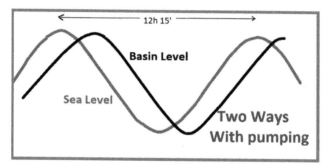

Figure 5.1
Centrale marémotrice - Schémas d'exploitation (d'après la Référence 37)

- *Bidirectionnel* : en plus de la génération unidirectionnelle, le bassin est rempli par les turbines qui génèrent également de l'énergie dans cette phase. Cette phase est généralement moins efficace car la charge différentielle sur les cycles de remplissage et de vidange est inférieure à celle utilisée pour un fonctionnement à sens unique.

b) *Materiaux*

Les matériaux de construction pour les installations marémotrices sont très similaires à ceux utilisés pour les structures hydrauliques marines. Ils doivent résister à des conditions marines difficiles. La protection des structures en acier contre la corrosion peut être assurée par des systèmes de protection cathodique. Dans les sites très froids, en plus de la haute résistance et de la grande imperméabilité, les structures en béton doivent être spécialement conçues pour résister au gel.

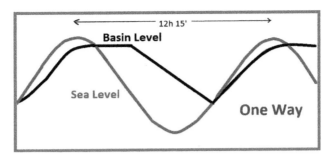

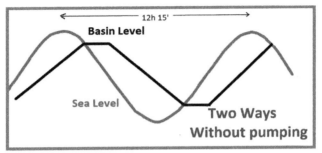

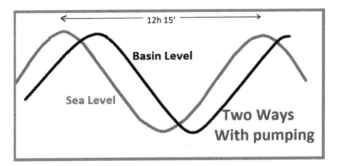

Figure 5.1
Tidal power plant – Operating schemes (from Ref. 37)

- *Two-way*: In addition to the one-way generation, the basin is filled through the turbines which also generate power in this phase. This phase is generally less efficient because the differential head on the filling and emptying cycles is less than for one-way operation.

b) Materials

Construction materials for tidal plants are very similar to those used for marine hydraulic structures. They must withstand harsh marine conditions. Protection of the steel structures from corrosion can be achieved by cathodic protection systems. In very cold sites, in addition to high strength and high imperviousness, concrete structures have to be specially designed to be frost resistant.

En outre, les structures en béton et les équipements métalliques doivent être protégés contre l'influence biologique de l'eau de mer (bio-fouling). À cet effet, un béton « non salissant » a été mis au point. Il contient des mélanges biocides progressivement libérés dans l'eau, offrant ainsi une couverture de protection antisalissure de 10 à 12 ans, améliorant ainsi de manière significative la protection offerte encrassement des toxines appliquées en couche légèrement peinte. Mais la longue durée de vie de l'installation nécessite d'autres solutions. Un électrolyseur électrochimique, pompant de l'eau de mer pour former une solution de chlore, a été testé avec succès à l'usine de Kislogubskaya afin de protéger la conduite forcée contre l'encrassement biologique.

c)   Turbines

Le choix de turbines fonctionnant sous basse pression, éventuellement dans les deux sens, avec ou sans installations de pompage, constitue un problème majeur. Leur coût, leur performance et leurs installations de construction peuvent varier considérablement.

Les turbines à bulbe présentent de nombreux avantages, mais elles deviennent très onéreuses pour les basses têtes (amplitude de marée inférieure à 6 m). Ils peuvent être utilisés pour le turbinage dans un sens ou dans les deux sens avec des possibilités de pompage.

La solution plus récente des turbines orthogonales semble prometteuse pour fonctionner dans les deux sens (même avec des hauteurs basses et une gamme de marée moyenne de 4 ou 5 m). Ils ne peuvent pas pomper. Le coût moins élevé des turbines orthogonales est obtenu par une réduction de la masse des principaux équipements hydroélectriques, ainsi que par une technologie peu coûteuse pour la production d'aubes (par laminage). De plus, l'unité orthogonale évite la construction d'installations d'évacuation d'eau, ce qui contribue également à réduire considérablement les coûts de construction de l'installation. Au total, une économie de coûts pouvant atteindre 30% a été estimée.

La turbine orthogonale a un rendement maximal de 0,70 à 0,75, inférieur au rendement des turbines à bulbe (0,90). Cependant, le rendement des turbines orthogonales ne varie pas beaucoup avec la tête et est le même dans les deux sens. Il semble donc que le rendement moyen soit inférieur à celui des unités à bulbe s'il fonctionne dans un sens et similaire ou mieux s'il fonctionne dans les deux sens.

d)   Impact sur l'environnement

Les usines marémotrices présentent l'avantage d'être non polluantes, elles ne causent pas de perte de terre ni de nécessité de réinstallation. De plus, en cas rupture d'un barrage, les personnes ou les biens ne sont pratiquement pas menacés.

Au-delà de ces avantages positifs, les éventuels effets négatifs sur l'environnement doivent être évalués. La mise en place d'un barrage dans un estuaire a un effet considérable sur l'eau du bassin et sur l'écosystème. La construction d'une usine marémotrice modifie le flux d'eau de mer entrant et sortant des estuaires, ce qui modifie l'hydrologie et la salinité et peut avoir un impact négatif sur les mammifères marins qui utilisent les estuaires comme habitat. La turbidité (la quantité de matière en suspension dans l'eau) diminue en raison du plus petit volume d'eau échangé entre le bassin et la mer. Cela laisse la lumière du soleil pénétrer plus loin dans l'eau, améliorant les conditions pour le phytoplancton. Les changements se propagent dans la chaîne alimentaire, provoquant un changement général de l'écosystème.

À l'usine de la Rance en France, la première usine marémotrice au monde, une évaluation à grande échelle de l'impact écologique d'un système d'énergie alimentant les marées fonctionnant depuis de nombreuses années a été réalisée. Des chercheurs **français ont découvert que l'isolement** de l'estuaire pendant les phases de construction du barrage était préjudiciable à la flore et à la faune cependant après dix ans, il y a eu un degré variable d'ajustement biologique aux nouvelles conditions environnementales. Certaines espèces ont perdu leur habitat en raison de la construction de plantes, mais d'autres ont colonisé l'espace abandonné, ce qui a entraîné un changement de diversité. De plus, à la suite de la construction, des bancs de sable ont disparu, une plage a été sérieusement endommagée et des courants à grande vitesse se sont développés à proximité des écluses.

Furthermore, concrete structures and metal equipment must be protected against the biological influence of the seawater (biofouling). To this aim, "non-fouling" concrete has been developed, containing biocidal admixtures that are progressively released into the water, so providing 10-12 years of non-fouling protection cover, significantly improving the 1-2 years protection provided by non-fouling toxins applied as thinly painted coat. But the long service life of the plant requires further solutions. An electrochemical electrolyser, pumping seawater to form a chlorine solution, was successfully tested at Kislogubskaya plant to protect the penstock against biofouling.

c)   Turbines

A key problem is the choice of turbines which will operate under low heads, possibly both ways and with or without pumping facilities. Their cost and performance and construction facilities may vary considerably.

Bulb Turbine units have many advantages, but they become very expensive for low heads (tidal range under 6 m). They may be used for turbining in one direction or in two directions with pumping possibilities.

The more recent solution of orthogonal turbines appears promising for operating both ways (even with low heads and average tidal range of 4 or 5 m). They cannot pump. The lower cost of the orthogonal turbines is achieved by a reduction of the mass of the main hydropower equipment, as well as cheap technology for blade production (by rolling). Furthermore, the orthogonal unit avoids the need to construct water discharge facilities, and also this fact considerably contributes to reducing the cost of the plant construction. In total, a cost saving up to 30% has been estimated.

The orthogonal turbine has a design maximum efficiency of 0.70-0.75, lower than the efficiency of bulb turbines (0.90). However, the output of orthogonal turbines does not vary much with head, and is the same in both directions. It seems therefore that the average efficiency is lower than for bulb units if operating one way, and similar or better if operating both ways.

d)   Environmental impact

Tidal plants offer the advantages of being nonpolluting, they do not cause the loss of land or the need for resettlement. Also, in the event of failure of a barrage there is practically no threat to life or property (unless the barrage is aimed also to provide protection to a low-lying hinterland prone to flooding).

Beyond these inherent advantages, the possible negative environmental effects must be evaluated. The placement of a barrage into an estuary has a considerable effect on the water inside the basin and on the ecosystem. The construction of tidal plants alters the flow of saltwater in and out of estuaries, which changes the hydrology and salinity and possibly negatively affects the marine mammals that use the estuaries as their habitat. Turbidity (the amount of matter in suspension in the water) decreases as a result of smaller volume of water being exchanged between the basin and the sea. This lets light from the sun penetrate the water further, improving conditions for the phytoplankton. The changes propagate up the food chain, causing a general change in the ecosystem.

At the Rance plant, in France, the first tidal barrage plant in the world, a full-scale evaluation of the ecological impact of a tidal power system operating for many years has been made. French researchers found that the isolation of the estuary during the construction phases of the barrage was detrimental to flora and fauna, however; after ten years, there has been a variable degree of biological adjustment to the new environmental conditions. Some species lost their habitat due to plant construction, but other species colonized the abandoned space, which caused a shift in diversity. Also, as a result of the construction, sandbanks disappeared, a beach was badly damaged and high-speed currents have developed near sluices.

Le suivi attentif de l'environnement et les études effectuées à l'usine marémotrice de Kislogubskaya, en Russie, ont montré qu'après quatre décennies d'exploitation, le golfe était presque écologiquement stable et que le système en formation était différent du système initial.

Les zones littorales peuvent être considérées comme présentant le risque écologique le plus élevé, en raison du dessalement intensif possible des eaux marines. Les dépressions ou les creux peuvent également être considérés comme des zones de risque écologique, en raison du manque d'oxygène.

Les estuaires sont souvent traversés par de gros volumes de sédiments, des rivières à la mer. L'introduction d'un barrage dans un estuaire peut entraîner une accumulation de sédiments à l'intérieur du barrage, affectant ainsi l'écosystème et son exploitation.

Les poissons peuvent se déplacer en toute sécurité dans les écluses, mais lorsque celles-ci sont fermées, les poissons recherchent des turbines et tentent de nager entre les pales. Ainsi, certains poissons ne pourront pas échapper à la vitesse de l'eau à proximité d'une turbine et seront aspirés. Des expériences sur le passage des poissons dans les turbines, avec capture ultérieure, ont montré que les poissons pour l'alimentation (99% d'entre eux) passaient sans dommage à travers les coureurs à tête basse des unités hydrauliques capsulaires et orthogonales avec une vitesse de rotation de 40 à 72 tour/min. Des technologies alternatives de passage (échelles à poissons, ascenseurs à poissons, escaliers à poissons, etc.) ont été développée pour atténuer ce problème. Des recherches sur l'orientation sonore des poissons sont également en cours.

5.3. LES USINES MARÉMOTRICES

Plusieurs usines marémotrices sont actuellement en exploitation D'autres sont en phase de planification. Une description résumée de certaines centrales est donnée ci-après.

a) L'usine de la Rance - France

L'usine marémotrice de la Rance (Figure 5.2) est située dans l'estuaire de la Rance, en Bretagne, en France.

Mise en service en 1966 après six années de construction, elle est exploitée par Électricité de France; c'est la plus puissante des installations au monde avec 24 groupes bulbes de 240 MW de puissance unitaire. La marée remplit et vide l'estuaire 2 fois par jour, atteignant un débit maximum de 18 000 m³/s. Les turbines sont conçues pour fonctionner « dans les deux sens », produisant de l'électricité à la fois lors du remplissage et de la vidange du bassin. La production annuelle est d'environ 600 GWh.

Le bassin de marée mesure 22,5 km². L'amplitude moyenne des marées est de 4 m.

Le barrage mesure 750 m de long et 13 m de haut. La partie centrale du barrage a une longueur de 390 m. L'usine a été construite sur un rocher, à sec, derrière des batardeaux temporaires.

Une écluse à l'extrémité ouest du barrage, longue de 65 m et large de 13 m, permet le passage de 16 000 navires entre la Manche et la Rance. Une autoroute traverse le barrage et il y a un pont-levis qui traverse l'écluse et qui peut être levé pour permettre le passage de navires plus grands.

Les coûts de développement élevés du projet ont maintenant été récupérés et les coûts de production d'électricité sont inférieurs à ceux de la production d'énergie nucléaire.

Depuis sa construction, un nouvel équilibre écologique a été établi dans l'estuaire. Il y a une abondance de poissons, d'espèces différentes. L'exploitation de l'usine facilite également la navigation de plaisance dans l'estuaire, son niveau d'eau moyen étant supérieur à ce qu'il était avant la construction de l'usine.

L'installation est également devenue une attraction touristique, attirant de nombreux visiteurs

The careful environmental monitoring and studies carried out at Kislogubskaya tidal plant, in Russia, pointed out that after four decades of operation the gulf is almost ecologically stable, and that the system which is forming differs from the initial one.

Littoral zones can be considered as those of greatest ecological risk, because of the possible intensive desalinating of sea waters. Depressions or hollows can also be considered zones of ecological risk, because of the deficiency of oxygen.

Estuaries often have high volume of sediments moving through them, from the rivers to the sea. The introduction of a barrage into an estuary may result in sediment accumulation within the barrage, affecting the ecosystem and also the operation of the barrage.

Fish may move safely through sluices, but when these are closed, fish will seek out turbines and attempt to swim through them. Also, some fish will be unable to escape the water speed near a turbine and will be sucked through. Experiments on passing fish through the turbines with subsequent capture showed that food fish (99% of all amount) pass undamaged through low-head runners of capsular and orthogonal hydraulic units with rotation speed of 40-72 rpm. Alternative passage technologies (fish ladders, fish lifts, fish escalators etc.) have been introduced to mitigate this problem. Research in sonic guidance of fish is also ongoing.

5.3.   TIDAL POWER PLANTS

Several tidal power plants are currently in operation. Some others are in the design-planning phase. A summarised description of some interesting power plant is given hereafter.

a)   *Rance Power Plant - France*

The Rance Tidal Power Station (Figure 5.2) is located on the estuary of the Rance River, in Brittany, France.

Opened in 1966 after six years of construction, it is currently operated by Électricité de France, and is one of the largest tidal power station in the world: 24 turbines, bulb units, installed capacity 240 MW. The tide fills and empties the estuary twice a day, reaching a maximum flow rate of 18 000 m³/s. The turbines are designed to operate "two-ways", producing electricity during both the filling and the emptying of the basin. The annual output is about 600 GWh.

The tidal basin measures 22.5 km². The mean tidal amplitude is 4 m.

The barrage is 750 m long and 13 m high. The power plant portion of the dam is 390 m long. The plant was built on rock, in the dry, behind temporary cofferdams.

A canal lock in the west end of the dam, 65 m long and 13 m wide, permits the passage of 16 000 vessels between the English Channel and the Rance. A highway crosses the dam and there is a drawbridge where the road crosses the lock which may be raised to allow larger vessels to pass.

The high development costs of the project have now been recovered and electricity production costs are lower than that of nuclear power generation.

Since its construction a new ecological equilibrium was established in the estuary. There is an abundance of fish, of different species. The operation of the plant also facilitates boating in the estuary, being the mean water level higher than it was before the construction of the plant.

The facility has become also a tourist attraction, attracting many visitors.

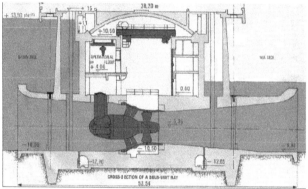

Figure 5.2
La Centrale marémotrice de la Rance

b) Centrale marémotrice d'Annapolis Royal - Canada

La première usine marémotrice en Amérique du Nord est la centrale d'Annapolis située à Annapolis Royal, en Nouvelle-Écosse, dans une baie de la baie de Fundy. L'amplitude moyenne des marées est de 3,2 m. La superficie du bassin est de 6 km². L'usine a ouvert ses portes en 1984. Elle dispose d'une puissance installée de 18 MW.

Des plans marémoteurs visant à produire de l'électricité font l'objet de discussions dans la baie de Fundy depuis plusieurs décennies. La décision de construire cette installation a été motivée en partie par le financement accordé par le gouvernement fédéral à ce projet d'énergie de remplacement, ainsi que par l'obligation du ministère des Transports de remplacer un vieux pont à treillis en acier sur la rivière entre Annapolis Royal et Granville Ferry.

c) Centrale électrique de Kislaya Guba - Russie

Le projet Kislaya Guba de 0,5 MW a été construit entre 1964 et 1968 dans la baie de Kislaya, dans la mer de Barents. L'usine a adopté une unité de bulbe français. Il s'agit du premier exemple d'une centrale hydroélectrique flottante dont la centrale est construite dans une cour puis remorquée par la mer jusqu'au site où elle a été montée sur une fondation sous-marine.

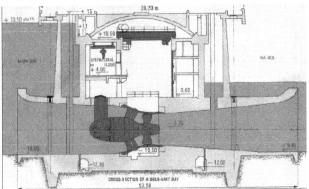

Figure 5.2
The Rance Tidal Power Plant

b)   Annapolis Royal Power Plant - Canada

The first tidal power in North America is the Annapolis Royal Generating Station, Annapolis Royal, Nova Scotia, on an inlet of the Bay of Fundy. The mean tidal amplitude is 3.2 m. The basin area is 6 km². The plant opened in 1984. It has 18 MW installed capacity.

Tidal schemes to generate electricity had been under discussion for the Bay of Fundy for several decades. The decision to build the facility was partly prompted by the federal government funding for this alternative energy project, as well as the provincial requirement of the Department of Transportation to replace an aging steel truss bridge over the river between Annapolis Royal and Granville Ferry.

c)   Kislaya Guba Power Plant – Russia

The 0.5 MW *Kislaya Guba* project was built between 1964 and 1968 in the Kislaya Bay of the Barents Sea. The plant adopted a French bulb unit. It is the first example of a floating hydropower plant with the powerhouse constructed in a yard and then towed by sea to the site where it was mounted on an underwater foundation bed.

En 2004–2007, elle a été modernisée avec l'installation d'une turbine orthogonale dans un deuxième conduit laissé vide au moment de la construction. Une première turbine orthogonale (axe horizontal, roue de 2,5 m de diamètre) a été installée en 2004. Puis, tenant compte de l'expérience acquise, une turbine plus grande (axe vertical, canal de 5 m de diamètre) a été développée et installée. L'unité de production a été transportée par flottaison sur le site et des mesures spéciales ont été utilisées pour le positionnement et le ballastage, de sorte que l'unité de génération flottante puisse être installée sur sa plate-forme sous-marine avec un degré de précision élevé (décalage du centre de l'unité avec la position prévue ne doit pas dépasser 0,05 m et l'angle de déviation de son axe ne doit pas dépasser 0,1°).

L'installation du puits de la turbine perpendiculairement au courant permet non seulement l'installation de l'alternateur et du démultiplicateur à l'extérieur de la chambre de la turbine, mais aussi le montage de plusieurs roues dans un seul puits, ce qui en fait une usine à plusieurs roues en étage et un seul alternateur en bout d'arbre. Le sens de rotation de la roue ne change pas quand le sens du courant change.

d)   *Centrale électrique de Sihwa Lake et centrale d'Uldolmok - Corée du Sud*

Construite sur les rives du lac Sihwa, en Corée du Sud, la centrale marémotrice de Sihwa Lake (Figure 5.3) est la plus grande centrale marémotrice au monde, avec une capacité de puissance totale de 254 MW (Référence 4, Référence 54).

L'énergie est produite par dix turbines à bulbe immergées de 25,4 MW chacune, entraînées par un flux de marée annuel de 60 000 millions de m³, générant de l'énergie uniquement par le flux de marée (système « à sens unique »).

L'amplitude des marées est de 5,6 m, avec une amplitude des marées de printemps de 7,8 m. La superficie du bassin, réduite par la remise en état des terres et les digues d'eau douce, est d'environ 30 km².

Le barrage utilise une digue construite en 1994 pour atténuer les inondations et à des fins agricoles, ce qui devrait procurer un avantage environnemental indirect. En fait, après la construction de la digue, la pollution dans le réservoir nouvellement créé a rendu l'eau inutilisable pour l'agriculture. En 2004, l'eau de mer a été réintroduite dans le réservoir dans l'espoir d'éliminer la contamination; l'afflux du barrage de marée est envisagé comme solution permanente complémentaire.

Figure 5.3
Centrale marémotrice de Sihwa Lake (d'après la Référence 54)

In 2004-2007 it was upgraded installing an orthogonal turbine, in a second conduit left empty at the time of construction. A first orthogonal turbine (horizontal axis, 2.5 m diameter runner) was installed in 2004. Then, taking into account the experience derived, a larger turbine (vertical axis, 5 m diameter runner) was developed and installed. The generation unit was transported by floating to the site, and special measures were used for positioning and ballasting so that the floating generation unit could be set down on its subsea platform with a high degree of accuracy (the offset of the centre of the unit from the designed position should not exceed 0.05 m and the angle of deviation of its axis should not exceed 0.1°).

The placing of the turbine shaft perpendicular to the flow not only permits the placement of the generator and step-up gear outside of the turbine chamber but also the mounting of several runners on a single common shaft, that is a multi-stage turbine with one common generator. The rotational direction of the runner does not change when the direction of the flow though the turbine changes.

d)   *Sihwa Lake Power Plant and Uldolmok Power Plant – South Korea*

Built on the shores of Sihwa Lake, in South Korea, the Sihwa Lake Tidal Power Station (Figure 5.3) is the current largest tidal power station in the world, with a total power output capacity of 254 MW (Reference 4, Reference 54).

The power is produced by ten submerged bulb turbines, 25.4 MW each, driven by 60 000 million m^3 annual tidal flow, generating power on tidal inflows only ("one way" scheme).

Mean tidal range is 5.6 m, with a spring tidal range of 7.8 m. The basin area, reduced by land reclamation and freshwater dykes, is about 30 km^2.

The barrage makes use of a seawall constructed in 1994 for flood mitigation and agricultural purposes, and that should provide an indirect environmental benefit. In fact, after the seawall was built, pollution built up in the newly created reservoir making the water useless for agriculture, and in 2004, seawater was reintroduced into the reservoir in the hope of flushing out contamination; inflow from the tidal barrage is envisaged as a complementary permanent solution.

Figure 5.3
The Sihwa Lake Tidal Power Station (from Ref. 54)

Le projet a été financé par le gouvernement sud-coréen, certains fonds provenant d'entreprises privées coréennes. L'usine a été achevée en 2010 et est devenue pleinement opérationnelle en 2011.

La centrale électrique d'Uldolmok est la première centrale marémotrice en Corée du Sud, située sur l'île de Jindo, dans la province du Jeolla du Sud. Il est prévu d'étendre progressivement cette centrale à 90 MW d'ici 2013. Le premier 1 MW a été installé en 2009 et produit environ 2,4 GWh / an. Une capacité supplémentaire de 0,5 MW a été mise en service en 2011.

e)   ***Le barrage de Severn - Royaume Uni***

Le barrage de Severn est l'une des nombreuses idées pour construire un barrage de la côte anglaise à la côte galloise sur l'estuaire de la rivière Severn. L'amplitude des marées dans l'estuaire de la Severn est la deuxième plus élevée au monde, avec une moyenne d'environ 13 m.

Il existe depuis le XIXe siècle des idées pour barrer l'estuaire de la Severn, avec différents buts : transport, protection contre les crues, création de ports, production d'énergie marémotrice. Au cours des dernières décennies, cette dernière est devenue l'objet principal des idées de barrage, et les autres sont maintenant considérées comme des effets secondaires utiles.

Dans le prolongement des conclusions de la « Commission pour le Développement Durable » (2007), le gouvernement britannique a entrepris une étude de faisabilité sur l'énergie marémotrice prenant en compte toutes les technologies de marnage. Au cours de la première phase de cette étude, plusieurs options potentielles ont été évaluées et une liste restreinte abordable et réalisable a été établie pour des études futures plus détaillées. Les options présélectionnées sont (voir la Figure 5.4) :

- Cardiff to Weston Barrage
- Shoots Barrage
- Beachley Barrage
- Welsh Grounds Lagoon
- Bridgwater Bay Lagoon

Le barrage de Cardiff to Weston-super-Mare est la plus grande solution, il s'étend sur une distance d'environ 10 milles avec une superficie de 185 milles carrés. Cela permettrait d'économiser 7,2 Mt de CO_2 par an. La puissance installée serait de 8 640 MW (Référence 39). En raison de l'impact environnemental, les solutions de lagunes de marée sont également prises en compte dans les options présélectionnées. Les lagunes ne saisiraient pas directement les zones intertidales de l'estuaire d'une grande valeur écologique (zone protégée du point de vue environnemental, proposée comme zone spéciale de conservation en raison de l'importance européenne de son écologie).

Des études ultérieures sont nécessaires pour affiner l'évaluation des programmes retenus et pour explorer les options d'atténuation. L'identification des mesures d'atténuation ne sera pas simple en raison de la pluralité souvent contradictoire des exigences (habitats intertidaux, poissons, ports et navigation, drainage des terres, protection contre les inondations, impact de la construction, impact à long terme, etc.).

Après la conclusion de l'étude de faisabilité, le gouvernement a conclu qu'il ne voyait pas actuellement d'argument stratégique en faveur d'un investissement public dans un programme d'énergie marémotrice dans l'estuaire de la Severn, mais souhaitait que l'option soit ouverte pour un examen ultérieur. Cette décision a été prise dans le contexte d'objectifs plus larges en matière de climat et d'énergie, y compris la prise en compte des coûts, avantages et impacts relatifs d'un programme d'énergie marémotrice de Severn, par rapport à d'autres options de production d'électricité à faible émission de carbone. Les résultats de l'étude de faisabilité n'empêchent pas la présentation d'un projet financé par le secteur privé dans l'intervalle, et les pouvoirs publics discutent de leurs idées avec des consortiums du secteur privé et des entreprises individuelles.

The project was funded by the South Korean government, with some funds coming from Korean private firms. The station was completed in 2010 and became fully operational in 2011.

The Uldolmok Power Plant is the first tidal power plant in South Korea, at Jindo Island, South Jeolla Province. It is a plant which is planned to be expanded progressively to 90 MW of capacity by 2013. The first 1 MW was installed in 2009, producing about 2.4 GWh/year. Additional 0.5 MW capacity was commissioned in 2011.

e)   *The Severn Barrage – United Kingdom*

The Severn Barrage is any of a number of ideas for building a barrage from the English coast to the Welsh coast over the Severn tidal estuary. The tidal range in the Severn Estuary is the second highest in the world, averaging about 13 m.

Ideas for damming or barraging the Severn estuary have existed since the 19th century, with various purposes: transport links, flood protection, harbour creation, tidal power generation. In recent decades the latter has grown to be the primary focus for barrage ideas, and the others are now seen as useful side-effects.

Following on from the conclusions of the "Sustainable Development Commission" (2007) the UK Government has undertaken a Tidal Power feasibility study, considering all tidal range technologies. In the first phase of this study several potential options were evaluated, and an affordable and feasible shortlist has been established for more detailed future studies. The shortlisted options are (see Figure 5.4):

- Cardiff to Weston Barrage
- Shoots Barrage
- Beachley Barrage
- Welsh Grounds Lagoon
- Bridgwater Bay Lagoon

The Cardiff to Weston-super-Mare barrage is the largest option, stretching about 10 miles and impounding an area of 185 square miles. It would enable to save 7.2 Mt of CO_2 per year. The installed capacity would be 8 640 MW (Reference 39). Because of the environmental impact of the barrage solution, tidal lagoons solutions are also considered in the shortlisted options. The lagoons would not directly impound the ecologically highly valuable inter-tidal areas of the estuary (an environmentally protected area, proposed for Special Area for Conservation designation in recognition of the European importance of its ecology).

Subsequent studies are needed to refine the evaluation of the shortlisted schemes, and to explore mitigation options. Identification of mitigation measures will not be straightforward due to the often-contradictory set of requirements (inter-tidal habitats, fish, ports and navigation, land drainage, flood defence, construction impact, long term impact, etc.).

Following the conclusion of the feasibility study, the Government concluded that it does not see a strategic case for public investment in a tidal energy scheme in the Severn estuary at this time butishes to keep the option open for future consideration. This decision has been taken in the context of wider climate and energy goals, including consideration of the relative costs, benefits and impacts of a Severn tidal power scheme, as compared to other options for generating low carbon electricity. The outcome of the feasibility study does not preclude a privately financed scheme coming forward in the meantime, and Government is talking to private sector consortia and individual companies about their ideas.

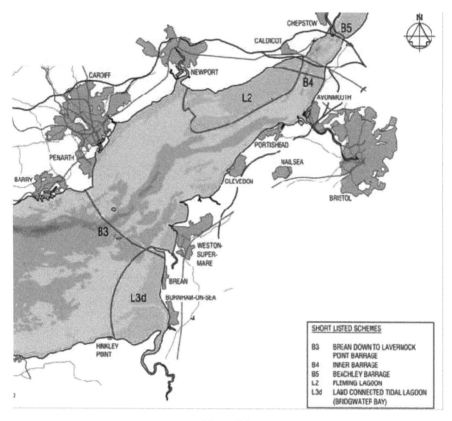

Figure 5.4
Le barrage de Severn: options considérées abordables
et réalisables (d'après la Référence 44)

La décision de ne pas exclure un système à long terme reconnaît l'importante ressource britannique que constitue l'estuaire de la Severn. Il s'agit d'une ressource renouvelable et prévisible susceptible de générer jusqu'à 5% des besoins en électricité du Royaume-Uni (grâce à un système d'énergie marémotrice), et donc d'apporter une contribution importante aux objectifs du Royaume-Uni en matière d'énergie renouvelable.

f)   L'estuaire de Mersey - Royaume Uni

Des études de faisabilité sont également en cours pour l'estuaire de la Mersey (référence 40). Cet estuaire possède l'une des plus grandes chaînes de marée du Royaume-Uni et un système de marée dans cet estuaire pourrait satisfaire les besoins en électricité d'une grande partie de la région de Liverpool City.

Une caractéristique remarquable de l'estuaire de la Mersey, qui le rend attrayant pour un projet d'énergie marémotrice, est sa bouche étroite. Alors que la plupart des estuaires tendent à s'élargir progressivement vers la mer, dans l'estuaire de Mersey, une zone étroite (largeur de 1 à 2 km) s'étend de l'embouchure de l'estuaire à une zone en amont; Par conséquent, déplacer l'emplacement d'une centrale marémotrice vers le large augmente la quantité d'eau commandée et d'énergie capturée et réduit la longueur du barrage.

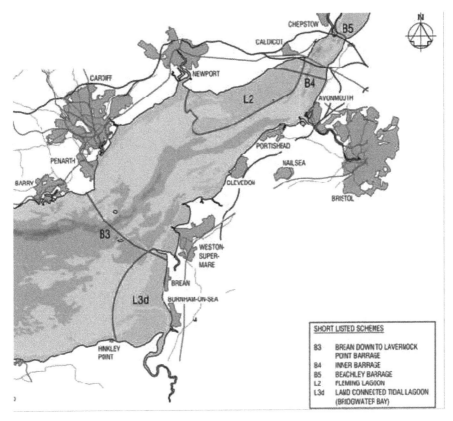

Figure 5.4
The Severn barrage: options considered affordable and feasible (from Ref. 44)

The decision not to rule out a scheme in the longer term recognizes the significant UK resource that the Severn estuary presents. It represents a renewable, predictable resource with the potential (through a tidal power scheme) to generate up to 5% of the UK's electricity needs, and so potentially make an important contribution to the UK's renewable energy targets.

f) *Mersey Estuary - United Kingdom*

Feasibility studies are in progress also for the Mersey estuary (Reference 40). This estuary has one of the largest tidal ranges in the UK, and a tidal scheme in this estuary could satisfy the electricity needs of a large part of the Liverpool City region.

A noteworthy feature of the Mersey estuary, which makes it attractive for a tidal power project, is its narrow mouth. While most estuaries tend to become progressively wider toward the sea, in the Mersey estuary a narrow area (1-2 Km width) extends from the estuary mouth to an area upstream; therefore moving the location of a tidal plant in the seaward direction increases the quantity of water commanded and of energy captured and reduces the length of the barrage.

g)   *Le projet de Jiangxia et Yalu - Chine*

L'usine de Jiangxia est située à Wuyantou, dans la province du Zhejiang, en Chine. La capacité installée actuelle est de 3,2 MW. L'installation génère jusqu'à 6,5 GWh d'électricité par an. L'amplitude des marées dans l'estuaire est de 8,4 m. La centrale alimente la demande en énergie de petits villages distants de 20 km par une ligne de transport de 35 kV.

Dans le cadre des efforts visant à ajouter de l'énergie renouvelable à la combinaison, le gouvernement chinois a signé un accord pour un projet d'énergie marémotrice d'énergie renouvelable de 300 MW près de l'embouchure de la rivière Yalu. Les prochaines étapes du projet consistent à mener des études de faisabilité techniques.

g)   *Jiangxia and Yalu Project - China*

The Jiangxia plant is located in Wuyantou, Zhejiang Province, China. The current installed capacity is 3.2 MW. The facility generates up to 6.5 GWh of power annually. The maximum tidal range in the estuary is 8.4 m. The power station feeds the energy demand of small villages at a 20 km distance, through a 35 kV transmission line.

In the context of the efforts to add renewable energy to the mix, the Chinese government signed an agreement for a renewable energy 300 MW tidal project near the mouth of the Yalu River. Next steps for the project are to conduct engineering feasibility studies.

6. CASE HISTORIES (SOURCES OF INFORMATION)

To properly address adverse environmental, social, and economic impacts associated with hydropower development and optimizing the benefits obtained, it is clearly important to use the latest technology and knowledge in devising "tailor-made" impact mitigation and enhancement measures to suit specific circumstances of the project, but, first of all, it is necessary to learn from past experience.

Information on Good Practices in the design, construction, operation and refurbishment of hydropower projects, should be shared by the technical communities around the world, to contribute to an effective evaluation of the compatibility and sustainability of hydropower projects. Various organizations and associations at international level (International Hydropower Association, ICOLD, International Energy Agency, etc.), have made significant efforts to promote and disseminate the documentation of Good Practices, contributing to the global effort of making hydropower development more sustainable.

In the following some sources of information about case-histories in the field of dams and reservoir for hydropower are briefly described.

6.1. INTERNATIONAL HYDROPOWER ASSOCIATION, *"THE ROLE OF HYDROPOWER IN SUSTAINABLE DEVELOPMENT - IHA WHITE PAPER – ANNEX E: GOOD PRACTICE EXAMPLES"*, 2003

The 2003 White Paper has been issued by the International Hydropower Association. Numerous drafts of the report have been refined through a consultation process involving a wide range of organizations, covering 27 countries.

In Chapter 8 (*"The Sustainable Development Dimension of Hydropower"*), some examples of added value created by hydropower projects are summarised:

- Conon (UK): creation of a site of special scientific interest.
- Chamuera (Switzerland): extending a local project over 75 years.
- Manapouri (New Zealand): maximizing output.
- Hoover Dam and Lake Mead (USA): popular recreational zone.
- Macagua (Venezuela): development of a nature park around a reservoir.
- Miyagase (Japan): new wetland habitat protected zones.
- Niagara Falls (Canada/USA): cohabitation of nature and hydropower.
- Shuikou (China): development of a reservoir fishery.

In Annex E (*"Good Practice Examples"*), 5 case histories are described in much more detail. They are relevant to:

- Hood River Farmers Consortium (USA): developing small-scale hydropower facilities in an irrigation district.
- Shuikou Hydroelectric Project (China): a development approach to dam-related resettlement, benefit sharing through the establishment of post resettlement and rehabilitation funds, follow up studies.
- King River Power Development (Tasmania, Australia): development and sustainable operation of a hydroelectric scheme, with predominantly environmental and economic development reasons and complementary technical innovations.
- EM-1 Hydropower Dam and EM-1-A and Rupert Diversion Project (Québec, Canada): benefit sharing between the hydropower industry and indigenous communities, involved in every step of the project, from preliminary studies to project development.
- Salto Caxias Resettlement Project (Brazil): public participation, sharing the responsibilities with the affected communities and stakeholders since the beginning of the project.

6.2. THE WORLD COMMISSION ON DAMS, *"DAMS AND DEVELOPMENT – A NEW FRAMEWORK FOR DECISION MAKING"*, 2000

Within the context of the work carried out by the World Commission on Dams several case studies were examined, to offer an integrated look at dams from the perspective of all interest groups. The Case Studies review were contracted to lead authors, selected by the WCD for their professional expertise and independence. For each selected dam a study team and a group of stakeholders examined the following aspects: projected versus actual benefits, costs and impacts; unexpected benefits, costs and impacts; distribution of costs and benefits; decision making process; compliance with criteria and guidelines; lessons learned. The analyses of the case studies were documented in specific reports.

All terms of reference, and final draft reports, were peer-reviewed by local stakeholder groups composed of 8–10 people with varying backgrounds, regions of origin and perspectives. These reports contributed to the WCD Knowledge Base, and complemented the regional consultations, where Commissioners heard firsthand about relevant regional experience from governments, members of civil society and the private sector. These reports remained as input to the Commission rather than products of its deliberations.

The following *"Individual Dams/River Basins"* case studies were considered for hydropower development. The relevant reports are available on the WCD website (www.dams.org).

- Tucurui Dam and Amazon/Tocantins River (Brazil)
- Glomma And Lågen River Basin (Norway): an integrated system of 40 dams and reservoirs, watercourse diversions and 51 hydropower stations
- Tarbela Dam and Indus River Basin (Pakistan)
- Pak Mun Dam and Mekong/Mun River Basins (Thailand)
- Aslantas Dam and Ceyhan River Basin (Turkey)
- Grand Coulee Dam and Columbia Basin (USA)
- Kariba Dam and Zambesi River Basin (Zambia / Zimbabwe)

The way in which the case histories were examined and evaluated by the WCD was criticized by several organizations, ICOLD among them. They claimed that the WCD work did not present a proper balance between recognizing the benefits that the dams have realized as opposed to the problems they have created.

6.3. U.N. ENVIRONMENT PROGRAMME, DAMS AND DEVELOPMENT PROJECT, *"COMPREHENSIVE OPTIONS ASSESSMENT OF DAMS AND THEIR ALTERNATIVES - CASE STUDIES"*, 2003

The case studies presented in this document reflect more the state-of-the art than the ideal, best practices for dam project assessment. They are presented to share lessons learned, both successes and failures.

The following Case Studies are pertinent for hydropower developments:

- Wloclawek dam (Poland) - A study of a comprehensive solution to the problems of the Wloclawek dam and reservoir: anticipated social, economic and environmental effects
- BC Hydro Stave River Water Use Plan (Canada): implementation of a collaborative process to develop a water use plan for a new 90 MW hydropower facility
- Aral Sea Basin Multistate Water Resource Cooperation (Central Asia): this case study illustrates the political instruments set up to promote mutually beneficial cooperation on regional water resource management among 5 newly independent republics in the Aral Sea Basin.
- Nam Theun 2 Hydro Project (Laos)
- Karakaya dam and hydropower plant Project (Turkey)
- National Hydropower Plan Study, Vietnam: A new approach to sustainable hydropower development

6.4. PROCEEDINGS OF THE 23RD ICOLD CONGRESS, QUESTION 88 "DAMS AND HYDROPOWER", 2009

The Question n. 88 of the 23rd ICOLD Congress (Brasilia, 2009) was relevant to *"Dams and Hydropower"*. Among the pre-defined related topics, the following topics were included:

- Hydropower potential and current developments. Role in the framework of renewable energy.
- Good practices in social and environmental issues. Hydropower objectives in multipurpose reservoirs.
- Pumped storage schemes

In the submitted papers, those listed hereunder describe interesting case histories about dams for hydropower. In some cases, the description of the case history is comprehensive, including various different aspects. In some cases, the paper is relevant only to some aspects.

Hydropower potential and developments

- Paper R.10- *"Role of Large Dams And Storage Reservoirs in Hydropower Generation in Romania"*: hydropower development on the Lotru river; evaluation of the benefits of the hydroelectric cascade (5 dams and reservoirs, 3 power plants, 3 pumping plants).
- Paper R.16- *"Development of La Romaine project in Quebec* (Canada)": 4 generating stations, 1 550 MW total capacity, and conclusion of the construction in 2020.
- Paper R.11 – *"Technical Solution and Technology of Construction of Tidal Power Plants' Dams in Russia"*: reduction of construction cost by floating modules, building technology and orthogonal turbines.
- Paper R.24 – *"Additional Construction of Small Water Power Plants by Previously Built Dams"* (Czech Republic): implementation of small hydropower plants at existing water supply dams, to exploit concentrated heads and discharges.
- Paper R.25 – *"Susa Gorge: a Demodulation Reservoir for Pont Ventoux Plant* (Italy)": pumped storage, underground power station, demodulation reservoir to avoid frequent and sudden changes of the river discharges.
- Paper R.27– *"Hydroelectric Potential of Russia and its Perspectives of Use"*

Social and environmental aspects in design, construction, operation

- Paper R.05 – *"A Multipurpose Lower Sava River Project in Slovenia"*: chain of 6 run-of-the-river hydropower plants; multipurpose project; a wide range of environmental concerns was handled by constant and open communication with professional and lay public.
- Paper R.08 – *"Siting Aspects of Dasu Hydropower Project."* (Pakistan): influence of social and environmental issues (populated village, area of historic significance) on the design of the project.
- Paper R.40: *"Lower Carony River projects"* (Venezuela). Measures undertaken to bring benefits to the impacted communities and to minimize the impacts on the ecosystem in an area where large power plants are in operation.
- Paper R.14: *"Studies for the Diquis Hydroelectric Project"* (Costa Rica): seeking the environmental and social viability resulted in a new design solution for the hydroelectric development, avoiding resettlement of indigenous populations and minimizing the impact on native territories and on major ecosystems in the area.
- Paper R.17 – *"Research and Practice of Eco-Adaptability Management of the Three Gorges Project"* (China): benefits provided by the project; practices in ecological replenishment.

- Paper R.18 – *"Measures to Protect Aquatic Resources in Large-Scale Hydraulic Engineering Projects on The Yangtze River"* (China): environmental protection incorporated into the entire process, from planning to execution and operation.
- Paper R.12 – *"Niagara Power Project: a Success Story of International Cooperation"* (USA): international cooperation established priority for scenic, navigation, domestic and power generation purposes.

Pumped storage schemes

- Paper R.33 – *"Tehri Pumped Storage Plant Project"*: the challenge of the widest head range of operation worldwide (130-230 m)
- Paper R.39 – *"The Power Plant Kops II in Western Austria"*.

6.5. INTERNATIONAL ENERGY AGENCY, IMPLEMENTING AGREEMENT FOR HYDROPOWER TECHNOLOGIES AND PROGRAMMES, *"HYDROPOWER GOOD PRACTICES: ENVIRONMENTAL MITIGATION MEASURES AND BENEFITS"*, MAY 2006.

The International Energy Agency promoted a collection of successful experiences in mitigating negative environmental impact related to hydropower development around the world, as well as specific examples showing a variety of benefits created by hydropower development.

Sixty good practice cases, worldwide, were examined. A wide diversity among the various cases was found, because the measures to mitigate negative impacts and to optimize positive outcomes are clearly project specific.

They are located in 20 different countries (about half of them in Japan) : Japan (27), Canada (9), Turkey (3), Australia (2), India (2), Norway (2), Taiwan (2), Thailand (2), Malaysia (1), USA (1), Argentina-Paraguay (1), Austria (1), Brazil (1), Finland (1), Indonesia(1), Laos (1), Philippines (1), South Africa (1), Vietnam (1).

The sixty cases described in the report are distributed throughout various topics: Water Quality (10 cases), Biological Diversity (5), Hydrological Regimes (5), Fish Migration and River Navigation (5), Landscape & Cultural Heritage (5), Development of Regional Industries (5), Resettlement (4), Benefits due to Power Generation (4), Benefits due to Dam Function (4), Reservoir Sedimentation (3), Reservoir Impoundment (2), Minority Groups (2), Public Health (2), Improvement of Infrastructure (1), Others (3).

The cases described in the report are the following:

KI-1 Biological Diversity

- Okinawa Pumped Storage PP (Japan) - ecosystem conservation measures
- Okutadami & Ohtori Expansion Project (Japan) - ecosystem conservation
- Shin-Hannou Substation (Japan) - forestation and re-vegetation of a construction site
- Tomura PP (Japan) - post-project investigation of river ecosystem recovery
- Palmiet (South Africa) - ecosystem conservation by environmental management plan

KI-2 Hydrological Regimes

- Futagawa Dam (Japan) - monitoring of river system recovery
- Tsuga Dam (Japan) - monitoring of river system recovery

- Aishihik Hydro (Canada) - water management in relation to Water License Renewal
- Churchill River Project (Canada) - weir to raise river water level & fish protection
- Ulla-Forre Project (Norway) – the best hydrological regime for hydro production and river ecology

KI-3 Fish Migration and River Navigation

- Daini Numazawa PP (Japan) - acoustic fish entrainment prevention system
- Funagira PP (Japan) - fish ladder and monitoring of fish migration
- Maan Dam (Japan) - large scale fish ladder and monitoring of fish migration
- Chambly Dam (Canada) - fish way retrofit
- Puntledge PP (Canada) - fish bypass screen at power intake

KI-4 Reservoir Sedimentation

- Dashidaira Dam (Japan) - large scale sedimentation flushing operation
- Miwa Dam (Japan) - sediment control for dam using bypass tunnel
- Cameron Highlands Scheme (Malaysia) - sediment management

KI-5 Water Quality

- Asahi Dam (Japan) - diversion of sediment and turbid water during flood
- Hydropower dams -Hida River (Japan) - selective intake and dam operation
- Kamafusa Dam (Japan) - water quality control by aeration in reservoir
- Kobo Dam (Japan) - turbid and cold water problems
- Tsukabaru Dam (Japan) - reduction of water bloom by ultraviolet irradiation
- Mingtan Pumped Storage PP (Taiwan) - water quality and ecology
- Arrow Lakes Station (Canada) - reduction of dissolved gas supersaturation
- Shasta Dam (USA) - water temperature and salmon habitat restoration
- Yacyreta Project (Argentina/Paraguay) - reduction of dissolved gas supersaturation
- King River Power Development (Australia) - water quality associated with copper mine

KI-6 Reservoir Impoundment

- Numappara Pumped Storage PP(Japan) - marshland conservation
- Sugarloaf Reservoir Project (Australia) - management of environmental and social impact

KI-7 Resettlement - rebuilding of resettled communities

- Chiew Larn Multipurpose Project (Thailand)
- Song Hinh Larn Multipurpose Project (Vietnam)
- Uri Hydroelectric Project (India)
- Salto Caxias Hydroelectric Project (Brazil)

KI-8 Minority Groups

- La Grande (Canada) - remedial measures with indigenous people
- Minashtuk Station (Canada) - partnership with indigenous community

KI-9 Public Health

- Chamera (India) - health infrastructure improvement
- LaGrande (Canada) - health issues (temporary mercury increase)

KI-10 Landscape and Cultural Heritages

- Chinda PP (Japan) - conservation of historical waterfall
- Kurobe River (Japan) - powerhouse landscape designs for six power plants
- Border Euphrates Project (Turkey) - transfer and preservation of inundated cultural heritage
- Aurland Hydropower Project (Norway) - conservation of natural and cultural landscape
- Kokkosniva HPP (Finland) - preservation of old village and river habitat

KI-11 Benefits due to Power Generation

- Integrated Hidaka River System (Japan)- power supply and regional development
- TEPCO Pumped Storage PP (Japan) - improvement in power system performance
- Mahagnao Micro-Hydro Project (Philippines) - Preservation of the natural environment
- Keban Dam and HPP (Turkey) - power supply and industrial development

KI-12 Benefits due to Dam Function

- Bhumibol Dam (Thailand) - irrigation and hydropower production
- Nam Ngum 1 HPP (Laos) - multipurpose benefits from plant built for single purpose
- Ataturk Dam and HPP (Turkey) - regional benefits from multipurpose development
- Freudenau Hydropower Plant (Austria) - groundwater management system

KI-13 Improvement of Infrastructure

- Sainte-Marguerite-3 (Canada) - measures to improve infrastructure and to foster development of regional industries

KI-14 Development of Regional Industries

- Gosho Dam (Japan) - environmental improvement & tourism development
- Kurobe No. 4 Power Plant (Japan) - tourism development at dam site
- Miyagase Dam (Japan) - tourism development at dam site
- Yasaka Dam(Japan) - environmental improvement & sightseeing
- Cirata Project (Indonesia) - reservoir fishery in resettlement program

KI-15- Others

- Shin-Shimodaira & Shin-Koara PP (Japan) - wood wastes at dam site
- Taki Dam (Japan) - use of driftwood in reservoir
- Tomisato Dam (Japan) - recycling of felled trees at dam site

6.6. GOVERNMENT RUN REGIONAL DEVELOPMENT PROGRAMMES BASED ON WATER RESOURCE, DAMS & HYDROPOWER SCHEMES. NORTH OF SCOTLAND HYDRO ELECTRIC BOARD (UK).

Between 1945 and 1960 an extensive system of small and medium hydropower schemes were developed in the northern highlands of Scotland. This was primarily conceived as a social and economic development programme, with a strong focus on providing electricity to remote highland communities. Due to the importance of the fishing and hunting in the highlands, environmental issues were given a level of attention that was unusual at that time, especially in the provision of fish passes at the dams. The programme was successful in facilitating rural electrification, development and opening up opportunities for local industry and tourism, with limited environmental impact. Approximately 500,000 people per year now visit one of the hydro sites and its fish pass. Even now this development is portrayed in popular literature.

The case histories are documented in the following references:

- POWER FROM THE GLENS - 'NEART NAN GLEANN', Scottish & Southern Energy
- Miller, Jim "The Dam Builders: Power from the Glens " (ISBN 1841582255; Birlinn 2003)
- Wood, Emma "The Hydro Boys: Pioneers of Renewable Energy" (ISBN 1-84282-047-8); Luath Press, 2005
- Campbell, Patrick "Tunnel Tigers: A First-hand Account of a Hydro Boy in the Highlands" Luath Press, 2004

7.   INFORMATION SOURCES

In this section information is given about some sources that can provide useful information and knowledge about hydropower and dams for hydropower. The sources include magazines and websites (associations, agencies, organizations), at international level. Information sources at national level are not included.

7.1.   INTERNATIONAL HYDROPOWER ASSOCIATION – WEBSITE: WWW.HYDROPOWER.ORG

The International Hydropower Association (IHA) aims to advance sustainable hydropower's role in meeting the world's water and energy needs, by championing continuous improvement and sustainable practices, building consensus through partnerships with other stakeholders, and driving initiatives to increase the contribution of hydropower.

IHA is a non-governmental, mutual association of organisations and individuals, formed in 1995 as a forum to promote and disseminate good practice and knowledge, open to all those involved in hydropower, with members active in more than 80 countries.

IHA's policy-oriented work programme covers five themes:

- Sustainability - focusing on implementing the *Hydropower Sustainability Assessment Protocol,* supported by governments, NGOs and financial institutions including the European Commission in the form of the '*Hydro4LIFE*' project. The Protocol is the result of a multi-stakeholder development process and builds on IHA's work on this over the past decade. It's available for download at: www.hydrosustainability.org
- Climate Policy – research and outreach activities focus on hydro's role in climate mitigation and adaptation, the Greenhouse Gas (GHG) Research Project, and hydropower's vulnerability to hydrological change. The GHG Research Project was established in 2008 in collaboration with the International Hydrological Programme (IHP) of UNESCO to address questions over the status of GHG emissions from freshwater reservoirs and river basins. The Project benefits from a consensus-based, scientific approach involving collaboration and peer review from researchers, scientists and professionals from more than 100 institutions. A major milestone was achieved in 2010, with the publication of the GHG Measurement Guidelines for Freshwater Reservoirs (www. hydropower.org/climate_initiatives/GHG_Measurement_Guidelines.html)
- Energy Policy - Activities are focused on accelerating the uptake and deployment of hydropower and other renewable energy technologies. Special emphasis is put on hydropower's synergies within the portfolio of renewables.
- Water Policy - Research and policy covers the water-energy nexus, working in collaboration with UN-Water, the World Water Council, and the Water and Climate Change Coalition. This involves the co-coordination of a Water-Energy Key Priority at the 2012 World Water Forum as well as the work within scientific networks to explore the question of energy impacts on water.
- Markets and Investment - IHA has an active working group which reviews financial models for new projects, analyses markets, including reporting on the Clean Development Mechanism, and monitors levels of hydropower deployment worldwide.

7.2.   INTERNATIONAL ENERGY AGENCY - WEBSITE: WWW.IEA.ORG

The IEA acts as energy policy advisor for its 26 member countries in their effort to ensure reliable, affordable and clean energy. Founded during the oil crisis of 1973-74, to coordinate measures in times of oil supply emergencies, IEA now focuses on broader energy issues, including climate change policies, market reform, energy technology collaboration and outreach to the rest of the world.

IEA conducts a broad programme of energy research, data compilation, publications and public dissemination of the latest energy policy analysis and recommendations on good practices.

To provide a framework for international collaboration in energy technology R&D, demonstration and information exchange, the IEA has established "*Implementing Agreements*", which specify the commitments of the Contracting Parties and provide for the production and protection of intellectual property, and record arrangements for commercial exploitation and benefit sharing.

The *Hydropower Implementing Agreement* (website: www.ieahydro.org) is a working group aimed to promote the development of new hydropower and the modernisation of existing hydropower, encouraging and supporting the sustainable development and management of hydropower. The participating countries are: Brazil, Canada, China, Finland, France, Japan and Norway.

On the web site information about current activities, details of past achievements, reports to download and hydropower news can be found.

The current main activities are the following:

- "*Small-Scale Hydropower*": a task force runs an international database (International Small–Hydro Atlas, website: www.small-hydro.com), which facilitates the development of small hydro projects, providing assessment tools, country profiles, international contacts, etc.
- "*Hydropower Good Practices*": a task force was formed to document successful mitigation measures in the design and operation of hydropower projects. The report "*Hydropower Good Practices: Environmental Mitigation Measures and Benefits*", published in 2006, documented sixty extensively case histories collected from 20 countries (see Chapter 6).
- "*Wind/Hydro Integration*", to investigate the integration of wind and hydropower and to undertake studies on related issues.

7.3.   EUROPEAN SMALL HYDRO ASSOCIATION - WEBSITE: WWW.ESHA.BE

The European Small Hydropower Association (ESHA) is a lobby organization established in 1989 for promoting the interest of small hydropower plants (SHP, <10 MW) by informing and lobbying decision-makers at European institutions, national governments and local authorities on crucial issues facing the small hydropower sector.

ESHA activities are therefore aimed to:

- Guarantee the representation of the sector at EU level
- Improve the market conditions of the SHP industry
- Increase the electricity production from SHP
- Facilitate the removal of any barriers to SHP development in the EU

To this aims ESHA uses synergies at the European-national-local level, and serves to create a forum for those involved in the field of SHP and to represent their interests at European level.

ESHA is structured as a federation of EU national hydropower associations and is open to members from all sectors involved in small hydropower (equipment manufacturers, public utilities, producers, consultants, etc.).

Activities carried out by EHSA also include:

- Participation in International projects, working groups, workshops and conferences.
- Studies, Reports, Newsletter, website, Blog, to enhance dialogue among different stakeholders.
- Enhancing global co-operation with institutions outside of Europe.
- Organizing conferences, seminars, workshops

7.4.   WORLD ENERGY COUNCIL - WEBSITE: WWW.WORLDENERGY.ORG

Founded in 1923, the World Energy Council (WEC) is a forum for thought-leadership and tangible engagement committed to a sustainable energy future. Its mission is: "to promote the sustainable supply and use of energy for the greatest benefit of all". The WEC network consists of nearly 100 national committees, including most of the largest energy-producing and energy consuming countries, and represents over 3000 member organizations including governments, industry and expert institutions.

The work of the organization spans the entire energy spectrum (coal, oil, natural gas, nuclear, hydro and new renewables) and focuses on such topical areas as market restructuring; energy efficiency; energy and the environment; financing energy systems; energy pricing and subsidies; energy poverty; ethics; benchmarking and standards; use of new technologies; and energy issues in developed, transitional, developing countries.

WEC offers a wide variety of services, programmes and activities, and is well received on the global energy scene for its reports, analyses, research, case studies, medium and long-term energy projections, and policy and strategy recommendations.

The WEC's six main Activity Areas address long-term visionary *"Strategic Insights"* and immediate outcome-oriented *"Global and Regional Agendas"* of a collaborative nature. These activities are supported by cross-cutting *"Knowledge Networks"*.

7.5.   THE INTERNATIONAL JOURNAL ON HYDROPOWER AND DAMS
(WEBSITE: WWW.HYDROPOWER-DAMS.COM)

The *International Journal on Hydropower & Dams* (*"H&D"*) is a magazine aiming to help advance the state-of-the-art of dam engineering and hydropower development.

An Editorial Board helps to steer the policy and content of the Journal. Editorial comments are contributed each year by the Presidents of international professional associations such as ICOLD, ICID, IWRA and others.

Each Issue of the magazine has a regional focus, presenting examples of policy as well as current and planned schemes in the various regions of the world with major activities underway.

Technical themes cover a broad range of disciplines, combining state-of-the-art research and technology, practical papers on civil, mechanical and electrical engineering topics, as well as policy papers. Emphasis is on best practice, in terms of safety, economy, and responsible planning.

Yearly, a European "HYDRO" Conference and Exhibition is organized by H&D, to discuss hydro development programs, priorities, achievements and challenges. This event is also taken to Asia in alternate years.

Other specific features of H&D are the following:

- "*World ATLAS*": annual world survey of hydropower developments, including statistical data on hydro potential, dams under construction, roller compacted concrete dams, concrete faced rockfill dams, dams with asphaltic facings or cores.
- "*Organization Database*", listing many national and international organizations involved in water resources development.
- "*Industry Guide*", containing more than 1000 companies active in the dams and hydropower industry.
- "*Maps*": world maps are published each year they show major schemes under construction (dams higher than 60 m), the total numbers of dams in each country, information on hydropower capacity and production.
- "*Technical Posters*", generally produced to commemorate major international conferences, including those held by ICOLD.

7.6. HYDRO REVIEW WORLDWIDE – WEBSITE: WWW.HYDROWORLD.COM

The *Hydro Review Worldwide* (HRW) is a bimonthly magazine, having the mission to give a comprehensive coverage of the hydroelectric industry worldwide, and provide the sector community with a worldwide network for sharing practical, technical information and expertise on hydroelectric power.

This community includes:

- Developers, owners, and operators of hydroelectric plants and dams.
- Service providers, engineering and environmental consultants.
- Equipment vendors.
- Regulators, financiers, and legal specialists.

HRW is aimed to create opportunities for doing business by informing industry participants about new ideas and trends, and about available products and services. A goal is to enable project developers, owners, and operators to apply technologies more economically and effectively.

7.7. INTERNATIONAL WATER POWER & DAM CONSTRUCTION – WEBSITE: WWW.WATERPOWERMAGAZINE.COM

International Waterpower and Dam Construction magazine (IWP&DC) is an independent monthly international publication bringing up-to-date information on hydro power and dam projects from around the world.

Launched in 1949, IWP&DC provides coverage of all aspects of the hydropower and dam construction industries, including transmission and distribution technology.

Topics regularly covered includeconstruction, flood management, refurbishment, small hydro, operation and maintenance, licensing, project finance, turbines and generators, pumped storage technology, tunnelling and dam safety

IWP&DC has over 1000 paying subscribers and a print circulation of over 4000.It also produced as a fully interactive digital issue which is sent by e-mail link to an additional audience of some 12 000 readers

As well as the monthly journal, IWP&DC also publishes an annual yearbook, featuring statistical information on dams and hydro plants worldwide, information on recent equipment contracts, an in-depth project profile section, and an industry's comprehensive buyer's guide. IWP&DC also produces a free weekly email newsletter.

The accompanying website is packed with latest business news, fully searchable archived technical articles dating back to 1998, technology reviews, contracts, tenders, and a fully searchable Buyers Guide with over 2 500 individual company listings.

7.8. RENEWABLE ENERGY POLICY NETWORK – WEBSITE: WWW.REN21.NET

The Renewable Energy Policy Network REN21 is an organization promoting a global transition to renewable energy in both industrialized and developing countries. To this aim REN21 encourages action in three areas: Policy, Advocacy, and Exchange.

- *Policy*: encouraging political support for the strengthening of regulatory environments and market structures that lead to accelerating the use of renewable energy
- *Advocacy*: advocating the deployment of renewable energy as a critical component of strategies to increase access to energy services and to alleviate poverty, by hosting high profile international events, and by producing authoritative and influential issue papers.
- *Exchange*: promoting knowledge generation and exchange by providing links among knowledge bases on renewable energy market and policy developments.

REN21's flagship publication, the annual Renewables Global Status Report (started in 2006) provides an integrated perspective on the global renewable energy situation and on renewable energy policies and market developments, serving a wide range of audiences from investors and government decision makers to students, project developers, researchers, and industrial manufacturers. It is the product of an international team of over 150 researchers, contributors, and reviewers

7.9. CEATI – WEBSITE: WWW.CEATI.COM

The Centre for Energy Advancement through Technological Innovation (CEATI) is a user-driven organization committed to providing technology solutions to its electrical utility participants, who are brought together to collaborate and act jointly to advance the industry through the sharing and developing of practical and applicable knowledge.

CEATI's efforts are driven by over 100 participating organizations (electric & gas utilities, governmental agencies, provincial and state research bodies), represented within 15 focused Interest Groups and specialized taskforces. CEATI's participants represent over 14 countries on 4 continents, a diversity that contributes to the strength of CEATI programs.

In addition to facilitating information exchange through topic-driven interest groups and industry conferences, CEATI brings partners together to collaborate on technical projects with a strong practical focus and develops customized software and training solutions to fit its clients' needs.

CEATI International currently maintains 5 Interest Groups in the Electrical Generation Area, and the following 4 are linked to dams and hydroelectric plants and production:

- Dam Safety Interest Group
- Hydraulic Plant Life Interest Group
- Water Management Interest Group
- Strategic Options for Sustainable Power Generation Interest Group

7.10. INTERNATIONAL RENEWABLE ENERGY ALLIANCE – WEBSITE: WWW.REN-ALLIANCE.ORG

International Renewable Energy Alliance (REN Alliance) is a formal partnership by the following non-profit international organisations, representing the hydro, geothermal, solar, and wind power/energy and bio-energy sector:

- International Hydropower Association (IHA), since 2004
- International Solar Energy Society (ISES), since 2004
- International Geothermal Association (IGA), since 2004
- World Wind Energy Association (WWEA), since 2004
- World Bio-energy Association (WBA), since 2009

The alliance is aimed to provide a unified voice on renewable energy in international and regional energy media.

7.11. INTERNATIONAL ASSOCIATION FOR IMPACT ASSESSMENT - WEBSITE: WWW.IAIA.ORG

The International Association for Impact Assessment (IAIA) is a forum for advancing innovation, development, and communication of best practice in impact assessment.

IAIA was organized in 1980 to bring together researchers, practitioners, and users of various types of impact assessment from all parts of the world. Its international membership (more than 1600 members representing more than 120 countries) promotes development of local and global capacity for the application of environmental, social, health and other forms of assessment in which science and public participation provide a foundation for equitable and sustainable development.

International conferences are held annually by IAIA. Regional conferences are also organized to make information exchange and networking opportunities available to those who might not be able to attend the international conferences, as well as to focus attention to specific issues.

Books, Special Publications, Guidelines and Principle Documents are available at the IAIA's website

Several "Sections" are managed by IAIA, to share experiences and discuss ideas, each section having its own online forum for networking, communication and posting resources. As an example, current Sections include the following: *"Agriculture, Forestry and Fisheries", "Biodiversity and Ecology", "Impact Assessment Law, Policies and Practice", "Public Participation", "Social Impact Assessment", "Health", "Indigenous Peoples", "Energy"*, etc.

7.12. SECRÉTARIAT INTERNATIONAL FRANCOPHONE EN ÉVALUATION ENVIRONNEMENTALE - WEBSITE: WWW.SIFEE.ORG

The *"Secrétariat Int. Francophone En Évaluation Environnementale"*, (SIFÉE), is a non-profit nongovernmental organization, grouping numerous organizations of French-speaking countries focused on the environmental assessment. It is supported by the governments of France, Canada and Quebec, and notably by the *"Institut de l'Énergie et de l'Environnement (IEPF)"*.

Currently SIFÉE is a federation of 55 different organizations: 20 associations, 14 companies, 11 Universities or Research Centres, 10 governmental organizations.

The main mission of the SIFÉE is the promotion of the environmental assessment in all the French-speaking countries. To this aim SIFÉE promotes actions to strengthen the competence of the specialists and decision-makers involved in the field of the environmental assessment, public participation, sustainable development, favouring the exchange of experience and the link with other international organizations.

The activities carried out by SIFÉE include a yearly international seminar ("*Colloque*"), a summer school, workshops and educational and training documents. The proceedings of the "*Colloques*" and the educational and training documents are available at the SIFÉE's website.

7.13. EQUATOR PRINCIPLES – WEBSITE: WWW.EQUATOR-PRINCIPLES.COM

The Equator Principles (EPs) are a credit risk management framework for determining, assessing and managing environmental and social risk in project finance transactions. The EPs are adopted voluntarily by financial institutions and are applied where total project capital costs exceed US$10 million. The EPs are primarily intended to provide a minimum standard for due diligence to support responsible risk decision-making.

The EPs are based on the IFC "*Performance Standards*" and on the World Bank Group "*Environmental, Health, and Safety Guidelines*".

Equator Principles Financial Institutions (EPFIs) commit to not providing loans to projects where the borrower will not or is unable to comply with their respective social and environmental policies and procedures that implement the EPs. In addition, while the EPs are not intended to be applied retroactively, EPFIs will apply them to all project financings covering expansion or upgrade of an existing facility where changes in scale or scope may create significant environmental and/or social impacts.

7.14. INTERNATIONAL FINANCE CORPORATION (IFC), "*PERFORMANCE STANDARDS*" – WEBSITE: WWW.IFC.ORG

IFC's *Performance Standards* define clients' roles and responsibilities for managing their projects and the requirements for receiving and retaining IFC support. The standards include requirements to disclose information.

The Guidance Notes are companion documents to IFC's Performance Standards and provide additional guidance in fulfilling roles and responsibilities under the standards.

IFC applies the Performance Standards to manage social and environmental risks and impacts and to enhance development opportunities in its private sector financing. The Performance Standards may also be applied by other financial institutions electing to apply them to projects in emerging markets.

The following eight Performance Standards (PS) are the criteria which the client must meet throughout the life of an investment by IFC or other relevant financial institution:

- PS 1: Social and Environmental Assessment and Management System
- PS 2: Labour and Working Conditions
- PS 3: Pollution Prevention and Abatement
- PS 4: Community Health, Safety and Security
- PS 5: Land Acquisition and Involuntary Resettlement
- PS 6: Biodiversity Conservation and Sustainable Natural Resource Management
- PS 7: Indigenous Peoples
- PS 8: Cultural Heritage

7.15.   WORLD BANK GROUP, *"ENVIRONMENTAL, HEALTH, AND SAFETY GUIDELINES"*

The *Environmental, Health, and Safety Guidelines* (known as the "EHS Guidelines") are technical reference documents with general and industry-specific examples of Good International Industry Practice.

These EHS Guidelines are designed to be used together with the relevant Industry Sector EHS Guidelines which provide guidance to users on EHS issues in specific industry sectors. For complex projects, use of multiple industry-sector guidelines may be necessary. A complete list of industry-sector guidelines can be found at: www.ifc.org/ifcext/enviro.nsf/Content/EnvironmentalGuidelines.

The EHS Guidelines are organized in the following main sections:

1. Environmental

2. Occupational Health and Safety

3. Community Health and Safety

4. Construction and Decommissioning

7.16.   WORLD BANK, "ENVIRONMENTAL AND SOCIAL SAFEGUARD POLICIES"

The World Bank's environmental and social safeguard policies are a cornerstone of its support to sustainable poverty reduction. The objective of these policies is to prevent and mitigate undue harm to people and their environment in the development process. These policies provide guidelines for bank and borrower staffs in the identification, preparation, and implementation of programs and projects. The effectiveness and development impact of projects and programs supported by the Bank has substantially increased as a result of attention to these policies.

Safeguard policies have often provided a platform for the participation of stakeholders in project design and have been an important instrument for building ownership among local populations.

The ten safeguard policies cover:

- Natural Habitats
- Forests
- Pest Management
- Physical Cultural Resources
- Involuntary Resettlement
- Indigenous Peoples
- Safety of Dams
- International Waterways
- Disputed Areas

8. REFERENCES

ENERDATA, *Yearbook 2011*

ENERDATA, *"The world energy demand"*, 2008

INTERNATIONAL ENERGY AGENCY, *"Key world energy statistics"*, 2011

THE WORLD COMMISSION ON DAMS, *"Dams and Development – A new framework for decision making"*, 2000

HYDROPOWER AND DAMS, *"World Atlas"*

WIKIPEDIA, the free encyclopedia

WORLD ENERGY COUNCIL, *"Survey of Energy Resources"*, 2007

K. TANAKA, *"Successful performance of the pilot test plant of a seawater pumped storage power generation and technical investigation of underground pumped storage power generation"*, 8th Asian Fluid Machinery Conference, Yichang (China), 2005

S. SEIWALD, P. TSCHERNUTTER, *"Expanding the Nassfeld Daily Reservoir – An Unconventional Engineering Solution in Harmony with Nature"*, "Storage and Pumped Storage Power Stations - Planning, Building and Operating", Graz (Austria), 2009.

INTERNATIONAL HYDROPOWER ASSOCIATION, *"The Role of Hydropower in Sustainable Development-IHA White Paper"*, 2003

EUROPEAN COMMISSION, COMMUNITY RESEARCH, *"External Costs. Research results on socio-environmental damages due to electricity and transport"*, 2003

EUROPEAN ENVIRONMENTAL AGENCY, *"EN35 External costs of electricity production"*, 2008

HARREITER, GODDE, ZICKERMANN," *Well-tried and Nevertheless New - Innovation of Hydro Power"*, VGB Conference, 2011

CHINCOLD, *"Dam Construction in China – Current Activities"*, 2010

CHINCOLD, *"2011 Newsletter"*, 2011

ÉEM, *"Study of the Hydropower Potential in Canada"*, 2006

INTERNATIONAL HYDROPOWER ASSOCIATION, *"Hydropower Sustainability Assessment Protocol"*, 2010

EUROPEAN COMMISSION, *"Harmonized Guidelines and Template for Hydropower CDM Projects"*, 2009

P.M. FEARNSIDE, *"Why hydropower is not a clean energy"*, Scitizen.com, 2007

R. CHARLWOOD, J.M.B. SANZ, *"Chemical Expansion of concrete in dams & Hydro-Electric Projects"*, ICOLD Symposium, Sofia, 2008

G.R. BASSON, *"Assessment of global reservoir sedimentation rates"*, Symposium ICOLD Annual Meeting, Saint Petersburg (Russia), 2007

E. CARVALHO, *"Flood Control for the Brazilian Reservoir System in the Paraná River Basin"*, 2001

N. BISHOP, *"Water ways"*, Waterpower & Dam Construction, June 2008

A. NOMBRE, *"The role of water and energy schemes in easing Africa's food and energy crisis"*, Hydropower and Dams, Issue 6, 2008

THE WORLD BANK GROUP, *"Clean Energy Investment Framework"*, 2007

THE WORLD BANK GROUP, *"Sustainable Infrastructure Action Plan"*, 2008

THE WORLD BANK GROUP, *"Strategic Framework on Development and Climate Change"*, 2008

THE WORLD BANK GROUP, *"Directions in Hydropower"*, 2009

The WWF, "Climate Solutions: WWF's Vision for 2050", 2007

I.E. Ekpo, "Challenges of Hydropower Development in Nigeria", HydroVision Conference, 2008

REN21- Renewable Energy Policy Network for the 21th Century, "Renewable. Global Status Report", 2010

International Energy Agency, "Deploying Renewables: Principles for Effective Policies", 2008

The World Bank Group, "An investment Framework for Clean Energy and Development", 2009

Chris R. Head, "Hydropower Dams", contributing paper to the WCD Thematic Review III.2: International Trends in Project Financing, 2001.

World Energy Council, "Survey of Energy Resources", 2007

The International Journal HYDROPOWER & DAMS, "Special Issue Supplement – Marine Energy", 2009

F. Lempérière, "Tidal plants may be 20% of future Hydropower", Selected contribution, Q. 88 "Dams and Hydropower", ICOLD Congress, Brasilia, 2009

V. Yu. Sinyugin, Y. B. Shpolyanski, I. N. Usachev, B. L. Istorik, "Technical solution and technology of construction of tidal power plants' dams of Russia", Paper R.11, Q. 88 "Dams and Hydropower", ICOLD Congress, Brasilia, 2009

C.J.A. Binnie, P.M. Kidd, "8000 MWs of tidal power in the Severn? Finding the energy/cost/ environmental/economic balance", 2010

Waterpower & Dams Construction, May 2010.

The International Journal Hydropower & Dams, "2010 World Atlas & Industry Guide", 2010

EPRI, "Assessment of Waterpower Potential and Development Needs", 2007

J. Jingsheng, "Facing reality on dam development", Water Power & Dams Construction, November 2010

HM Government - Department of Energy and Climate Change, "Severn Tidal Power Feasibility Study: Conclusions and Summary Report", 2010 (www.decc.gov.uk)

Intergovernmental Panel on Climate Change (IPCC), "Climate Change 2007: Synthesis Report. Contribution of Working Groups I, II and III to the Fourth Assessment Report of the Intergovernmental Panel on Climate Change" Core Writing Team, Pachauri, R.K and Reisinger, A. (eds.)]. IPCC, Geneva, Switzerland, 2007

IPCC - Intergovernmental Panel on Climate Change, "2006 IPCC Guidelines for national Greenhouse Gas Inventories". Prepared by the National Greenhouse Gas Inventories Programme. Edited by H.S. Eggleston, L. Buendia, K. Miwa, T. Ngara, and K.Tanabe. Published: IGES, Japan, 2006

C.B. Viotti, "Overview of hydro development in Latin America, with special reference to Brazil", Hydropower 2005, Villach (Austria), 2005.

N. Barros, J.J. Cole, L.J. Tranvik, Y. T. Prairie, D. Bastviken, V.l.m. Huszar, P. Del Giorgio, F. Roland, "Carbon emission from hydroelectric reservoirs linked to reservoir age and latitude", Nature Geoscience, Volume 4, published on line 31 July 2011

Ecoprog, "The European Market for Pumped Storage Power Plants"; 2011

World Water Assessment Programme 2009, The United Nations World Water Development Report 3: "Water in a Changing World". Paris: UNESCO, and London: Earthscan, 2009

Hydropower & Dams, "Marine Energy", Special Supplement celebrating 40 years of tidal power development, 2009

L. Berga, "Dams for Sustainable Development", Proceedings of High-Level Forum on Water Resources and Hydropower, Beijing (China), 2008

IPCC - Intergovernmental Panel on Climate Change, "IPCC Special Report on Renewable Energy Sources and Climate Change Mitigation", prepared by Working Group III [O. Edenhofer, R. Pichs-Madruga, Y. Sokona, K. Seyboth, P. Matschoss, S. Kadner, T. Zwickel, P. Eickemeier, G. Hansen, S. Schlömer, C. von Stechow (eds)]. Cambridge University Press, Cambridge, United Kingdom and New York, NY, USA, 1075 pp, 2011

www.koreascene.com/sihwa-lake-tidal-power-station-the-largest-tidal-power-station-in-the-world-2/

www.aneel.gov.br; ANEEL, Agência Nacional de Energia Elétrica, (National Agency of Electric Energy), 2012

"Plano Nacional de Energia" 2030 MME 2007 (National Energy Plan 2030 Ministry of Mines & Energy)

"A História das Barragens no Brasil Séculos XIX, XX e XXI – Cinquenta Anos do Comitê Brasileiro de Barragens" page 349 CBDB 2011 (The History of Dams in Brazil XIX, XX e XXI Centuries – Fifty Years of the Brazilian Committee on Dams CBDB 2011)